Goethe im Jahre 1776.

Nach dem Gemälde von G. M. Kraus gestochen von Chodowiecki.

Entlegene Spuren Goethes

Goethes Beziehungen zu der Mathematik, Physik,
Chemie und zu deren Anwendung in der Technik,
zum technischen Unterricht und zum Patentwesen

Dargelegt von

Max Geitel
Geheimer Regierungsrat
im Kaiserlich. Patentamt

———

Mit 35 Abbildungen

Eine jede Technik ist
merkwürdig, wenn sie sich
an vorzügliche Gegenstände,
ja wohl gar an solche
heranwagt, die über ihr
Vermögen hinausreichen.
Tag-und Jahreshefte
1818

München und Berlin 1911
Druck und Verlag von R. Oldenbourg

Der figürliche Teil der Titelvignette ist vom Bergkom-
missionsrat von Charpentier zu Freiberg entworfen
und der in den Jahren 1776—1777 vom Kurfürstlich Sächsi-
schen Markscheider Johann Gottfried Schreiber für die
unter Goethes Leitung stehende Bergwerkskommission ge-
zeichneten Karte der bei Ilmenau gelegenen Bergwerke eingefügt.

Vorwort.

Der Jurist, der Naturforscher, der Poli-
tiker, der Anatom, der Pädagoge, der
Musiker, der Philosoph, der Theaterleiter,
der Historiker, der Ästhetiker, wer nennt die
Vertreter der verschiedensten Berufe, die es sich angelegen
sein ließen, den Nachweis zu erbringen, daß Goethe, „der
menschlichste aller Menschen", einer der ihrigen, Geist von ihrem
Geist gewesen sei.

Ein umfassender Versuch, Goethe in bezug auf denjenigen
Zweig seiner vielseitigen Tätigkeit zu würdigen, dem er
mehr als ein halbes Jahrhundert hindurch
als oberster Leiter der technischen Angelegenheiten der Weimarschen Lande obgelegen hat, ist bisher noch nicht unternommen. Nur hin
und wieder begegnet man dem Hinweis, daß Goethe sein
Ebenbild Faust als erfolgreichen Wasserbautechniker enden
läßt, der dem Meere einen Streifen Landes abringt und be-
siedelt, hierin die vergeblich gesuchte Befriedigung findend.

Hier eine Lücke der reichen Goethe-
literatur auszufüllen, ist die Aufgabe,
die im nachstehenden gelöst werden soll.

Der dichterische Ruhm Goethes überwiegt in der Auffassung der großen Menge derart, daß die Befürchtung nahe
liegt, vielen werde es als ein Raub, als ein Verbrechen am
Genius erscheinen, wenn der Versuch unternommen wird, den
Einzigen, den Dichterfürsten, als einen zielbewußten und

erfolgreichen Vertreter derjenigen Erscheinungsform mensch=
licher Tätigkeit hinzustellen, gegen welche weiteste Kreise —
sei es mit Recht oder Unrecht — den Vorwurf erheben, daß
sie, ausschließlich dem Gebote der Nützlichkeit folgend, mit
rücksichtsloser Hand den Idealismus zerstöre, den Sinn für
Schönheit und Poesie unserem Zeitalter raube und an dessen
Stelle die kalte Prosa des Realismus setze.

Tacent Musae inter arma!' für die dichtende Muse ist in
dem Kampfe, den der Techniker mit den feindlichen Natur=
gewalten bestehen muß, in dem nervenzerrüttenden Hasten
der glutdurchströmten geschwärzten Werkstätten und der lärmen=
den Schienenwege kein Raum.

Um so erhabener überragt der Genius des Dichterfürsten
das Alltägliche; er war gleich heimisch auf den heiteren Höhen
des Parnaß wie auf den verschiedensten Gebieten der mit
den Naturkräften ringenden Technik und ihrer Hilfswissen=
schaften.

Die Spuren, auf denen wir dem Walten des Olympiers
folgen, liegen zu einem überwiegenden Teile weit ab von der
breiten Heerstraße, die der Durchschnittskenner des Goetheschen
Schaffens zu wandeln pflegt und im Hinblick auf die Beschränkt=
heit der meisten Goetheausgaben nur wandeln kann. Je weiter
wir uns aber von den Wegen der großen Menge entfernen,
um so mehr wächst vor dem staunenden Auge die Fülle des
Stoffes, zu weiser Beschränkung mahnend.

Für die dem Genius des Olympiers in den nachfolgenden
Kapiteln dargebrachte Huldigung wird das Wohlwollen der
g r o ß e n   G o e t h e g e m e i n d e ,   d e r   V e r t r e t e r   d e r
i n d u k t i v e n   W i s s e n s c h a f t e n   u n d   d e r   v i e l s e i t i g e n
S c h a r   d e r   J ü n g e r   d e r   T e c h n i k   erhofft.

Berlin im Oktober 1911.

Max Geitel.

Inhaltsverzeichnis.

Goethes Verhältnis zur Mathematik, Physik und Chemie. — Goethe und Seiteis. — Goethe und Döbereiner. — Die Farbenlehre. — Gewerbliches Unterrichtswesen. — Goethes Stellung zum Handwerk. — Goethes Versuche mit Luftballons. — Goethe und die Dampfmaschin. — Verschiedenes. — Goethe über das Erfinden. — Fünfzigjähriges Dienstjubiläum. — Tod Karl Augusts. — Goethes letzte Lebenstage.

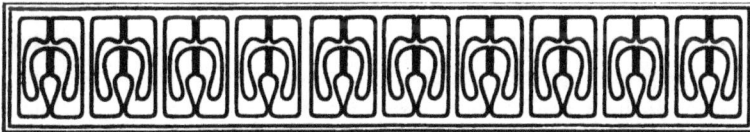

Einleitung.

Im vierten Buche von „Dichtung und Wahrheit" berichtet uns Goethe, daß er seit seinen frühesten Zeiten einen Untersuchungstrieb gegen natürliche Dinge in sich fühlte. Diesem durch eine natürliche Veranlagung wirksamst geförderten Triebe sind seine zahlreichen, zum Teil hochbedeutsamen Forschungen auf den verschiedensten Gebieten der Naturwissenschaften entsprungen: die „Metamorphose der Pflanzen," die Entdeckung des Zwischenkiefers beim Menschen, zahlreiche Abhandlungen aus der Geologie, Meteorologie, Chemie, Physik. Sie alle, mit Ausnahme des Goetheschen Schmerzenskindes, der „Farbenlehre", haben die rückhaltlose Anerkennung und Bewunderung der berufensten Kenner gefunden und sind sogar würdig erachtet worden, in andere Sprachen übersetzt zu werden. Kein Geringerer als Alexander von Humboldt[1]) hat neiblos Goethes hohe Bedeutung für die Naturwissenschaften anerkannt und dies auch äußerlich zum Ausdruck gebracht. Am 6. Februar 1806 schrieb er an Goethe:

„Ich wollte nach so vieljähriger Abwesenheit nicht anders vor Ihnen erscheinen als mit einem kleinen Denkmal, das meine tiefe Verehrung und innige Dankbarkeit Ihnen gestiftet hat. In den einsamen Wäldern am Amazonenflusse erfreute mich oft der Gedanke, Ihnen die Erstlinge dieser Reise

widmen zu dürfen. Ich habe diesen fünfjährigen Entschluß
auszuführen gewagt. Der erste Teil meiner Reisebeschreibung,
das Naturgemälde der Tropenwelt, ist Ihnen zugeeignet.
Mein Freund T h o r w a l d s e n[2]) in Rom, ein ebenso großer
Zeichner als Bildhauer, hat mir eine Vignette entworfen,
welche auf die wundersame Eigentümlichkeit Ihres Geistes,
auf die in Ihnen vollbrachte Vereinigung von Dichtkunst,
Philosophie und Naturkunde anspielt."

Es handelt sich hier um das große, die Reisen Humboldts
und Aimé Bonplands[3]) behandelnde Werk »Voyage aux régions
équinoxiales« (1799—1804), dessen erster Teil in der deutschen Übersetzung Goethe gewidmet ist. Die von Thorwaldsen
gezeichnete Vignette stellt den Genius der Dichtkunst dar,
wie er eine die Naturkräfte verkörpernde Statue enthüllt
(Abb. 1)[4]).

Auch die von uns zu würdigende Tätigkeit Goethes ist
dessen Untersuchungstrieb gegen natürliche Dinge entsprungen.
Sie gehört insbesondere demjenigen Zweige menschlichen
Schaffens an, der unter dem Begriff „Technik" zusammen-
gefaßt wird, auf eine praktische Ausnutzung der Naturwissenschaften abzielt und ein neues Zeitalter in die Wege geleitet
hat. Das Wort Technik gehört dem deutschen Sprachschatz seit
verhältnismäßig kurzer Zeit an. Erst seit Goethes Tagen hat
es sich allmählich zur Aufnahme gebracht, und zwar bezeichnet
es die Kunst- oder Gewerbetätigkeit und den Inbegriff der
Erfahrungen, Regeln, Grundsätze und Handgriffe, nach denen
bei Ausübung einer Kunst oder eines Gewerbes verfahren
wird. Goethe hat das Wort Technik in beiden vorstehend aufgeführten Bedeutungen angewendet, also sowohl in bezug
auf die Kunst wie auf das Gewerbe. Im Laufe der Jahrzehnte
hat sich der Sprachgebrauch bezüglich des Wortes Technik in
der Weise entwickelt, daß man hierunter in erster Linie nicht
die künstlerische, sondern die gewerbliche, nicht die auf Erzielung
des Schönen, sondern die auf Erzielung des Nützlichen gerichtete
Tätigkeit versteht. Wohl spricht man auch heute noch von einer
Technik des Malers, des Schauspielers, des Musikers, aber als

Abb. 1. Thorwaldsens Vignette zu Alexander von Humboldts Naturgemälde
der Tropenwelt.

Techniker spricht nach dem allgemeinen Sprachgebrauch niemand diese Mitglieder der Gesellschaft an. Die Gegenwart versteht unter Technik in erster Linie den Inbegriff der gewerblichen Tätigkeit, die darauf abzielt, die Naturkräfte und die von der Natur dargebotenen Stoffe in den Dienst der Menschheit zu stellen. In folgendem lassen wir alles dasjenige außerhalb unserer Betrachtung, was mit der Technik der Kunst in Verbindung steht, und würdigen Goethe nur in seinen Beziehungen zu dem, was die Jetztzeit unter Technik versteht, hierbei allerdings in Rücksicht auf Goethes Eigenart die Grenzen zwischen Technik und Kunst sowie zwischen Technik und Wissenschaft nicht scharf innehaltend.

Daß zwischen Technik und Kunst die Gefahr eines ernsten Konfliktes besteht, hat Goethe scharfen Blicks erkannt und wiederholt zum Ausdruck gebracht. So äußerte er zu Riemer[5]) im November 1810:

„Die Vollkommenheit der Technik, könnte man beinahe sagen, schließt die Kunst aus in allem, was zum Lebensgenuß, zum Komfort usw. gehört, weil sie auf das Mathematische, d. h. auf das Notwendige geht." Und an anderer Stelle spricht er sich wie folgt aus: „Es ist eine Tradition, Dädalus[6]) der erste Plastiker habe die Erfindung der Drehscheibe des Töpfers beneidet; von Neid möchte wohl nichts vorgekommen sein, aber der große Mann hat wahrscheinlich vorempfunden, daß die Technik zuletzt in der Kunst verderblich werden müsse."

Goethe hat uns über seine Beziehungen zu den Naturwissenschaften und der Technik eine, wenn auch nur skizzenhafte, so doch höchst wertvolle Aufzeichnung hinterlassen. Sie stammt aus dem Jahre 1821 und ist als „Wiedergabe meines naturwissenschaftlichen Entwicklungsganges" bezeichnet. Goethe hat hierin das Skelett eines leider nicht auf uns überkommenen Vortrags niedergelegt, worin er wörtlich ausführt:

„Schönes Glück, die zweite Hälfte des vorigen Jahrhunderts durchlebt zu haben. Großer Vorteil, gleichzeitig mit großen Entdeckungen gewesen zu sein. Man sieht sie an als Brüder,

Schwestern, Verwandte, ja, insofern man selbst mitwirkt, als Töchter und Söhne. Kurz vor meiner Geburt erregte die Elektrizität neues Interesse. Erweiterung dieses Kapitels. Versuch theoretischer Ansichten. Erfindung der Wetterableiter. Freude der geängstigten Menschen darüber. Gestört durch das Erdbeben von Lissabon. Hausfreund gegen Elektrizität gewendet. Eigene kindische Bemühungen. Sehr bald gegen die sichtbare Natur gewendet. Kein eigentlich scharfes Gesicht. Daher die Gabe, die Gegenstände anmutig zu sehen. Wachsende Objektivität. Aufmerksamkeit auf Sonnenuntergang. Die farbig abklingende Helle. Farbige Schatten. Andere Naturphänomene. Regenbogen. Eigentlich ein dunkler Kreis mit farbigen Säumen. In Leipzig Winklers[7]) Physik. Im Hause alchemistisches Tasten. Große Pause durch jugendliche Leidenschaft ausgefüllt. Eigentliches Beginnen. In Weimar. Durch Buchholz[8]). Charakter desselben. Eigentlich Gönner. Wohlhabend, tätig, ehrbegierig. Sucht eine Ehre darin, alles Neue zu zeigen. Hat geschickte Provisoren. Göttling[9]). Dessen Reise nach England. Er wird Professor in Jena. Ich hatte mich zu Hagers Chemie gehalten. Brief und dessen Luftarten. 1780. Das Analoge war mir früher schon aus Helmont[10]) bekannt. Französische Chemie[11]). Göttling erklärt sich dafür. Seine Schüler schreiten ein. Großer Vorteil des sukzessiven Erkennens. Die verschiedenen Ausgaben Erxlebens zu Wittenberg, ein entscheidender Vorteil. Galvanismus wird entdeckt. Vorteil, nicht vom Metier zu sein. Man hat nicht Altes festzuhalten, das Neue nicht abzulehnen noch zu beneiden. Ich suchte mich jedesmal der einfachsten Erscheinung zu bemeistern und erwartete die Mannigfaltigkeit von anderen. Die Luftballone werden entdeckt. Wie nah ich dieser Erfindung gewesen. Einiger Verdruß, es nicht selbst entdeckt zu haben. Baldige Tröstung. Glaube an die Verwandtschaft magnetischer und elektrischer Phänomene. Blitz, der ein Paket Nähnadeln magnetisch gemacht hat. Achim von Arnims Bemühungen. Endliche Entdeckungen zu unserer Zeit. Mein Verhältnis zum tierischen Magnetismus."

Ein gütiges Geschick hat es gefügt, daß Goethes natürliche
Begabung für die Technik sich in einer langjährigen verant-
wortungsvollen, amtlichen Tätigkeit als Freund und Berater
des seiner Zeit weit vorauseilenden Herzogs Karl August von
Sachsen-Weimar reich entfalten und betätigen konnte. Der
Techniker tritt uns aber nicht allein in dem Beamten, sondern
nicht minder auch in dem Dichter Goethe entgegen. Und so
bildet das Gesamtergebnis unserer Würdi-
gung Goethes ein Ganzes, dessen ungestörte
Harmonie den Ästhetiker nicht minder befriedigt als den Techniker, den Idealisten
nicht minder als den Realisten.

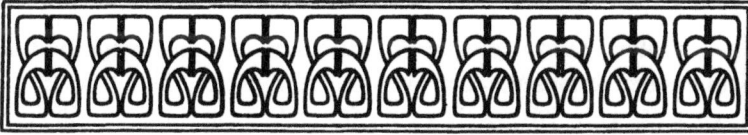

Der Stand der induktiven Wissenschaften und der Technik zu Goethes Zeit.

Goethes Lebenszeit, umfassend die Jahre von 1749—1832, deckt sich mit derjenigen Epoche, in welcher, um mit Max Maria von Weber[12]) zu reden, die Symphonie der in der Technik verkörperten induktiven Wissenschaften anhub, und in welcher die Technik sich von den Fesseln handwerksmäßiger Erfahrung frei machte und sich zu den Höhen der Wissenschaftlichkeit emporschwang. Von jener Zeit ab begann zuerst die den Erfolg verbürgende Verschwisterung von Praxis und Theorie, die dem Techniker von heute seine eigenartige Stellung in der menschlichen Gesellschaft anweist. Dieser muß gleichermaßen heimisch sein auf den einsamen Höhen der Wissenschaften, wie im sausenden Getriebe der Werkstatt; er muß die Auffassung des auf hoher Warte thronenden Gelehrten gleichermaßen verstehen, wie die des einfachen Arbeiters, der dem Gedanken die äußere Form verleiht. Diese eigenartige Mission des Technikers begann sich zu Goethes Zeit zu vollziehen. So wurde dieser Zeuge der gewaltigen Fortschritte, welche die wissenschaftliche Vertiefung der Technik der Menschheit brachte und diese in das Zeitalter des Dampfes und des elektrischen Funkens hinüberführte.

Vier Jahre vor Goethes Geburt, im Jahre 1745, war zu Braunschweig als erster Vorläufer der jetzigen Technischen

Hochschulen durch Herzog Karl I. von Braunschweig[13]) und
seinen weit ausschauenden geistvollen Berater, den Abt Johann Friedrich Wilhelm Jerusalem[14]) (Abb. 2) das
Collegium Carolinum begründet. Beide Männer stehen in
einem eigenartigen Zusammenhang zu Goethe und zu Weimars
großer Zeit; Herzog Karl I. von Braunschweig, der Schwager
Friedrichs des Großen, war der Vater der Herzogin Anna
Amalia von Sachsen-Weimar[15]), der Schöpferin des Weimarschen
Musenhofes und Mutter Karl Augusts[16]), des fürstlichen Freundes
Goethes. Der Abt Jerusalem aber war der Vater jenes unglücklichen Braunschweigischen Legationssekretärs Jerusalem[17]),
der sich zu Wetzlar das Leben nahm und dem jungen mächtig
aufstrebenden Dichter Goethe das Vorbild zu dessen Werther
gab. Zum Beweise der seiner Zeit vorauseilenden Vorurteils-
losigkeit Jerusalems, eines Humanisten im wahrsten Sinne
des Wortes, möge es gestattet sein, eine Stelle aus dem Bericht
hier einzufügen, den dieser über die geplante Gründung des
Collegii Carolini dem Herzog Karl erstattet hat.

„Das Publikum," so führt Jerusalem aus, „hat einmal
gewissen Wissenschaften besondere Vorzüge eingeräumt;
und wir Gelehrten, die wir diesen wichtigen Ehrentitel uns
dadurch erworben haben, sind seit undenklichen Jahren in dem
Besitze, uns einbilden zu dürfen, als wenn wir allein die Stützen
der menschlichen Gesellschaft wären, und daß außer unseren
vier Fakultäten weder Heil noch Vernunft zu suchen sei.

Wir behalten aber Ehre genug, wenn wir gleich unseren
Nächsten, die in anderen Ständen leben, einen Teil, und wenn
es auch die Hälfte wäre, davon überlassen.

Diejenigen, welche in den größten Welthändeln der Welt
nützen, die mit Einrichtung gemeinnütziger Anstalten, der Handlung, der Verbesserung der Naturalien, Vermehrung des Gewerbes und der Haushaltung, das ist die Landwirtschaft, um-
gehen, die sich auf mechanische Künste legen, die zu Wasser und
zu Lande, über und unter der Erde das gemeine Beste suchen,
machen einen ebenso wichtigen Teil des gemeinen Wesens
als die Gelehrten aus.

Abb. 2. Abt Johann Friedrich Wilhelm Jerusalem.

Und dennoch hat man bei allen Unkosten, die man auf
die Einrichtung der Schulen und Akademien verwandt hat,
für diese bisher so wenig und oft gar nicht gesorgt. Für einen
großen Teil dieser Beschäftigungen findet man auf den Schulen
gar keine Anweisung; und in Betracht der übrigen sind die
Schreib= und Rechenschulen, die noch beinahe unter keiner
Aufsicht stehen, die einzigen Orter, wo diese dem Staatswesen
so nützlichen und unentbehrlichen Mitglieder können unter=
richtet werden.

Das übrige, ja fast alles, sind sie gezwungen, durch eine
mühsame und langwierige Erfahrung zu lernen, die notwendig
ihre großen Unvollkommenheiten behalten muß.

Denn woher kommt es sonst, daß so viele wichtige Teile
des gemeinen Besten, alle unsere Künste, unsere Landwirtschaft
und selbst die edle Handlung, in Vergleichung mit dem, was
sie in anderen Ländern sind, noch so mangelhaft und unvoll=
kommen aussehen, als daher, daß wir in Deutschland beinahe
gar keine Anstalten haben, die denjenigen, welche sich den
wichtigsten Geschäften, außer den vier Fakultäten, widmen,
zu einer vernünftigen Anweisung dienen könnten?

Wir haben erstlich in unserer Sprache so viele Bücher
n i c h t , die sie mit Nutzen lesen könnten; die W i s s e n =
s c h a f t e n , die den Verstand ü b e r h a u p t zu schärfen
vermögend sind, bleiben ihnen mehrenteils verschlossen; an
die allgemeinen Regeln, die sie bei ihrem besonderen Berufe
zugrunde legen könnten, gedenkt gar niemand; sie können
also von dem gemeinen Fußstege, den ihre Vorgänger ge=
gangen sind, sich kaum entfernen, sondern sie sind gezwungen,
bei dieser ihrer unvollkommenen Erfahrung zu bleiben, bis
sie endlich nach vielen Jahren, mit großem Verluste für sie
selbst und das Vaterland und nach unzähligen vergeblich an=
gestellten Versuchen, sich einzelne neue Anmerkungen machen,
die sie weit sicherer, leichter und vollkommener bei dem Antritt
ihrer Geschäfte schon hätten zugrunde legen können, wenn
ihnen die nötigen Hilfsmittel in der Jugend angewiesen und
die allgemeinen Lehrsätze davon bekannt gemacht wären.

Weder unsere Schulen noch Akademien sind aber hierzu eingerichtet; diese haben diejenigen Wissenschaften zum End- zweck, die eigentlich zur Gelehrsamkeit gehören; und wenn denen, die keine eigentliche sogenannte Gelehrte werden wollen, gleich ein Teil davon nützlich werden könnte, so müssen sie doch vieles vergeblich lernen und dabei alle Zeit verlieren, die ihnen zur Anschickung zu ihrem besonderen Beruf unentbehrlich ist."

Aus diesen Zeilen des Jerusalemschen Berichts tritt uns die gleiche, unbefangene Würdigung der Verhältnisse entgegen, die auch Goethe in seiner langjährigen amtlichen Tätigkeit praktisch ausübte, indem er durch Berufung hervorragender Dozenten an der ihm unterstellten Universität Jena eine Pflanz- stätte technischer Wissenschaften schuf, deren Erfolge weit über die Grenzen der engeren Verhältnisse hinausstrahlten. Wenn wir die lange Reihe derjenigen mustern, die sich der Freund- schaft Goethes rühmen durften, so begegnen wir einer großen Anzahl von Technikern und Förderern der Technik; mit welchem Erfolge diese Freundschaft im einzelnen verknüpft war, werden wir später darlegen.

Die Mathematik war, als Goethe in das Leben trat, durch Leibniz[18]) und Newton[19]) in einer Weise aus- gestaltet, daß sie befähigt war, das nie versagende Werkzeug der induktiven Wissenschaften zu bilden. Otto von Gue- ricke[20]), der erste, der in der Elektrizität eine Kraft erkannte, und zwar eine der von ihm als „Weltkräfte" be- nannten Kräfte, zu denen er unter anderem das Licht und das Tönen rechnete, hatte die erste Elektrisiermaschine gebaut. Benjamin Franklin[21]) stellte mit Hilfe seines bekannten Drachenflugversuches am 9. Oktober 1752 fest, daß der Blitz mit dem Funken der Elektrisiermaschine identisch sei. Einen wesentlichen Fortschritt in der Kenntnis des Wesens der Elek- trizität erzielte im Jahre 1790 Galvani[22]), indem er zuerst die strömende Elektrizität beobachtete, als ein Froschschenkel, mit Kupfer und Eisen in Berührung gebracht, in Zuckungen geriet. Galvani hatte hierbei allerdings die Berührungs- elektrizität entdeckt, führte dieselbe aber irrtümlicherweise auf eine den Tieren eigene Elektrizität zurück. Erst Volta[23]) erkannte den wesentlichen Anteil, der der Verschiedenheit der verwendeten Metalle zukam, und gelangte dadurch zu der Konstruktion der nach ihm benannten elektrischen Strom liefernden Voltaschen Säule.

An sonstigen wichtigen Entdeckungen und Erfindungen, die sich zur Zeit Goethes auf dem Gebiete der Elektrizität vollzogen, sind zu nennen, die elektrolytischen Arbeiten Davys[24]) 1806, die Entdeckung des Elektromagnetismus durch Orstedt[25]) 1820, und der Induktion durch Faraday[26]) 1831. In das Jahr 1820 fallen die Untersuchungen Ampères[27]), durch die klarere Anschauungen über die elektrischen und magnetischen Vorgänge eingeführt wurden.

Die Phänomene der Elektrizität und des Magnetismus erregten Goethes Interesse schon in frühester Jugend und haben ihn bis ins Alter andauernd gefesselt. Zwar waren die praktischen, weltumwälzenden Erfolge der Elektrotechnik einer späteren Zeit vorbehalten. Dies mindert aber nicht das Verdienst jener ersten Pioniere, mit deren Leistungen sich Goethe so vertraut machte, daß er dieselben einem engeren Kreise von Damen und Herren der Weimarer Gesellschaft in Vorträgen näher brachte. Für die Übermittlungen von Nachrichten auf weite Entfernungen kam zu Goethes Zeit nur der optische Telegraph von Chappe[28]) in Betracht (Abb. 3). Im Jahre 1809 erfand zwar Goethes Freund von Sömmering[29]) in München unter Benutzung der Voltaschen Säule einen auf elektrochemischer Wirkung beruhenden Telegraph; die durch Gauß[30]) und Weber[31]) eingeleitete weltumspannende Bedeutung des elektrischen Funkens sollte Goethe aber nicht erleben.

Besonders einschneidend waren die Fortschritte, die sich auf dem weiten Gebiete der Chemie vollzogen; diese waren eine Folge des Umstandes, daß seit der zweiten Hälfte des 17. Jahrhunderts durch Johann Joachim Becher[32]) in der Chemie theoretische Anschauungen zur Geltung gekommen waren. Bechers großer Schüler Georg Ernst

S t a h l[33]) stellte die sog. phlogistische Theorie auf, die es er=
möglichte, die Chemie auf einer systematisch aufgebauten Grund=
lage zu behandeln. Die Lehre Stahls gipfelt darin, daß sie
in den verbrennbaren Körpern ein besonderes brennbares
Etwas, das Phlogiston, annimmt, so zwar, daß ein Körper
nur so lange zu verbrennen vermag, als er dieses Phlogiston

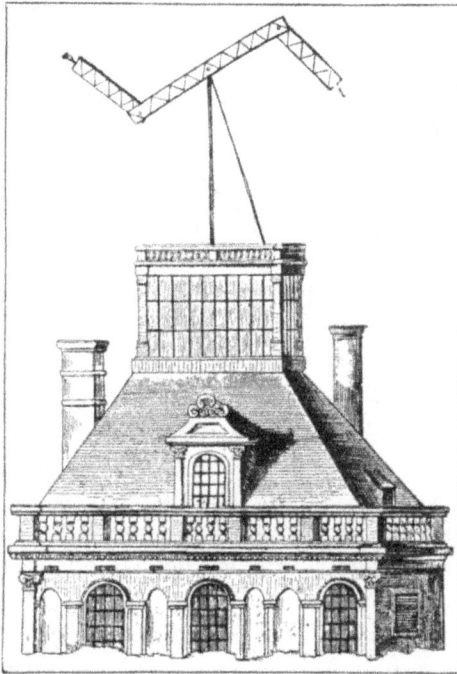

Abb. 3. Der Chappesche Telegraph auf dem Dache des Pariser Louvre.

enthält. Ist dieses bei dem Verbrennen entwichen, so bleibt
ein nicht brennbarer Körper zurück. Die mit der Verbrennung
verbundenen Lichterscheinungen erklärte Stahl dadurch, daß
er annahm, daß bei dem Entweichen des Phlogiston dieses in
Schwingungen versetzt werde, wodurch dann Feuer erzeugt
werde. Zu Goethes Zeit wurde diese Stahlsche phlogistische
Theorie durch L a v o i s i e r[34]) (Abb. 4) als unhaltbar erwiesen,

und hiermit die gesamte Grundlage der Chemie geändert. Lavoisier machte im Jahre 1772 die Beobachtung, daß bei allen Arten der Verbrennung ein Teil der atmosphärischen Luft verschwindet, und erbrachte alsbald den Beweis, daß es der Sauerstoff ist, welcher mit dem verbrennenden Körper bei der Verbrennung eine Verbindung eingeht. Eine weitere hochbedeutsame Leistung Lavoisiers besteht darin, daß er nachwies, daß das Wasser kein Element, sondern eine Vereinigung von Wasser= und Sauerstoff ist. Die bahnbrechenden Arbeiten Lavoisiers besitzen um deswillen noch ein besonderes Interesse, weil sie unter erheblicher Beihilfe seiner geistvollen Gattin[35]) geleistet sind. Lavoisier wurde in den aus der Geschichte der Französischen Revolution bekannten Prozeß der Generalpächter verwickelt und am 8. Mai 1794 hingerichtet. Seine Witwe war in unglücklicher später getrennten Ehe mit dem bekannten Physiker Rumford[36]) vermählt.

In Hinblick auf Goethes „Wahlverwandtschaften" ist für uns die Tatsache von Interesse, daß im Jahre 1775 der schwedische Chemiker Torbern Bergmann[37]) den Unterschied zwischen „einfachen und doppelten Wahlverwandtschaften" aufstellte. Die großen Fortschritte, welche sich in der theoretischen Chemie vollzogen, hatten einen überaus segensreichen Einfluß auf die Entwicklung der chemischen Industrie. Als besonders wichtige Marksteine nennen wir hier die Begründung der Rübenzuckerindustrie durch Marggraf[38]) und Achard[39]) sowie der Sodafabrikation aus Kochsalz durch Leblanc.[40])

Die Dampfmaschine, der wichtigste Faktor für die gesamte moderne Technik, befand sich, als Goethe geboren ward, noch in den ersten unvollkommensten Stadien, erfuhr aber vom Jahre 1763 ab durch James Watt[41]) (Abb. 5) eine derartige Ausbildung, daß sie sich bei Goethes Tode zu einem unentbehrlichen Hilfsmittel des gewerblichen Lebens emporgeschwungen hatte. Am 7. Oktober 1807 unternahm Fulton[42]) zwischen New York und Albany die ersten erfolgreichen Versuche mit seinem Dampfschiff „Clermont", und als Goethe die Augen schloß, bestand eine Anzahl von Dampferlinien.

Abb. 4. Lavoisier und Frau. Gemälde von David.

Am 15. September 1830 wurde die erste von George Stephenson[43]) erbaute dem Personenverkehr dienende Dampfeisenbahn zwischen Liverpool und Manchester eröffnet, schon an diesem ihrem Ehrentage den Zoll des ersten Menschenopfers heischend.

Unsere Abbildung 6 gibt eine Darstellung der Lokomotive ›The Rocket‹ Stephensons, welche aus dem im Jahre 1829 veranstalteten Lokomotiv-Wettbewerb als Siegerin hervorging und für die weitere Entwicklung des Lokomotivbaues vorbildlich wirkte.

Der gewaltige technische Aufschwung und die tiefgreifenden Umwälzungen, die die Dampfmaschine auf allen Gebieten der Technik zeitigte, vollzog sich nicht ohne schweren Widerspruch weitester Kreise. Auch Goethe hat, wie wir sehen werden, diesen Konflikt, welcher sich zwischen der von den Vätern überkommenen Handarbeit und der durch die Dampfmaschine zu einer übermächtigen Gewalt emporgehobenen Maschinenarbeit vollzog, in seiner amtlichen Tätigkeit schmerzlichst empfunden. In „Wilhelm Meisters Wanderjahren“ schildert er uns mit plastischer Deutlichkeit, wie in die betriebsamen Gebirgstäler der Ruf der aus England zum Kontinent hinüberströmenden Neuerungen bringt, Schrecken und Sorgen unter den Arbeitgebern und Arbeitnehmern verbreitend. Ein begeisterter Lobredner der Maschine war Carlyle[44]), Goethes Freund. „Hast du einmal“, so ruft er aus, „mit gesunden Ohren das Erwachen Manchesters am Montag morgen Schlag $1/_2 6$ Uhr gehört? — Das Losstürmen seiner tausend Fabriken, wie das Dröhnen der Flut im Atlantischen Ozean; das Summen von zehntausend Spulen und Spindeln — es ist vielleicht, wenn du es richtig verstehst, erhaben wie ein Niagarafall oder noch erhabener.“

Auch Goethe hat die gewaltige Mission, die die Maschine erfüllte, klar erkannt und seiner Auffassung in „Wilhelm Meister“ dadurch Ausdruck gegeben, daß er die Bewohner des arbeitslustigen Tales durch Einführung der Maschinenarbeit auf andere lebhaftere Weise beschäftigen läßt.

Auch die Anfänge des Automobils und des Fahrrades fallen in Goethes Zeit. Im Jahre 1769 schuf der Franzose Cugnot[45]) den ersten Dampfstraßenwagen. Im Jahre 1801 erbaute Trevithik[46]) seine berühmte Dampfkutsche, und im Jahre 1831 richtete Sir Charles Dance einen regel=

Abb. 5. Wattsche Dampfmaschine von 1788. Aus dem Kensington-Museum in London.

mäßigen Fahrdienst zwischen Cheltenham und Gloucester mit täglich drei Doppelfahrten ein. Im Jahre 1813 erfand der Freiherr von Drais[47]) in Karlsruhe sein Laufrad, die Draisine, die Vorläuferin des Fahrrades. Von Drais führte seine Erfindung unter anderem während des Wiener Kon= gresses einem erstaunten vornehmen Publikum vor. Wie

Varnhagen von Ense[48]) berichtet, nannte Karl August von Sachsen-Weimar, der bekanntlich auf
dem Kongreß mit neuen Gebieten und mit dem Range eines
Großherzogs bedacht wurde, die Draisinen „die fahrende
Ritterschaft unserer Tage".

Dem neuesten Triumph der Technik, dem Luftschiff, hat
Goethe ein großes in praktischen Versuchen sich betätigendes
Interesse entgegengebracht. Das Luftschiff trat zuerst im Jahre

Abb. 6. Stephensons Lokomotive »The Rocket«.

1782 in die Erscheinung und wurde getragen durch die Erfindungen der Gebrüder Montgolfier[49]) (Abb. 7), Charles[50]) sowie Pilatres de Rozier[51]).

Goethe hat uns das gewaltige Aufsehen, das bei der Mitwelt erregt wurde, wie folgt geschildert:

„Wer die Entdeckung der Luftballone miterlebt
hat, wird ein Zeugnis geben, welche Weltbewegung daraus
entstand, welcher Anteil die Luftschiffer begleitete, welche
Sehnsucht in so viel tausend Gemütern hervordrang, an solchen

längst vorausgesetzten, vorausgesagten, immer geglaubten und
immer unglaublichen, gefahrvollen Wanderungen teilzunehmen,
wie frisch und umständlich jeder einzelne glückliche Versuch
die Zeitungen füllte, zu Tage`sheften und Kupfern Anlaß

Abb. 7. Aufstieg einer Montgolfiere.

gab; welchen zarten Anteil man an den unglücklichen Opfern
solcher Versuche genommen. Dies ist unmöglich, selbst in der
Erinnerung wieder herzustellen, so wenig als wie lebhaft man
sich für einen vor dreißig Jahren ausgebrochenen höchst bedeutenden Krieg interessierte."

2*

Eine reiche von England ausgehende Förderung erfuhr die Textiltechnik. Im Jahre 1764 erfand Hargreaves[52]) die Jennyspinnmaschine (Abb. 8). Ihr folgte im Jahre 1775 die Arkwrightsche[53]) Baumwollspinnmaschine, im Jahre 1779 die Cromptonsche Mulemaschine[54]), 1784 der mechanische Webstuhl von Cartwright[55]) und im Jahre 1808 der Musterwebstuhl Jacquards[56]), eine der geistreichsten Erfindungen, die jemals dem Haupte eines Sterblichen entsprungen sind.

Auch die Beleuchtungstechnik entwickelte sich zu Goethes Zeit zu einer ansehnlichen Vollkommenheit. Hier ist in erster Linie die Erfindung des Steinkohlengases durch Murdoch[57]) im Jahre 1792 zu nennen, die, wie wir sehen werden, unter Vermittlung des bekannten Chemikers Döbereiner[58]) durch Karl August und Goethe auf dem Hofe des alten Schlosses zu Jena erprobt wurde.

Auf dem Gebiete der graphischen Technik war Goethe Zeuge folgender umwälzender Erfindungen: im Jahre 1796 schuf Senefelder[59]) die Lithographie (Abb. 9), der im Jahre 1826 der Farbensteindruck folgte. Das Jahr 1810 brachte die Erfindung der Schnellpresse durch Friedrich König[60]).

Eine nachhaltige Förderung erfuhr die gesamte Industrie durch die Fortschritte, welche sich auf dem Gebiete der Gewinnung und Verarbeitung der Metalle, insbesondere des Eisens, vollzogen. Der Walzprozeß und der Frischprozeß, gefördert durch die Dampfmaschine, lieferten den Maschinenbauern und den Bauingenieuren einen Baustoff von früher nicht geahnter Güte. Aus der Zahl der übrigen Erfindungen und großen technischen Leistungen erwähnen wir die Anfänge des landwirtschaftlichen Maschinenbaues, der Nähmaschine, der brauchbaren Rechenmaschine, ferner das Dreysesche[61]) Zündnadelgewehr, 1828, den Beginn des Baues des Londoner Themsetunnels durch Brunel[62]), der Bremer Hafenanlagen und des Eriekanals in Nordamerika.

Zu Goethes Zeit machte sich das Übergewicht Englands
auf allen Gebieten der Industrie geltend. Dasselbe war in
erster Linie begründet durch die natürlichen Verhältnisse des
Landes, die die unterirdischen Schätze von Metall und Kohle
nebeneinander in nächster Nachbarschaft in vorzüglichster Be=

Abb. 8. Nachbildung der ersten Hargreaveßschen Spinnmaschine. 1764.
Aus dem Deutschen Museum in München.

schaffenheit lieferten. Die Zufuhr der aus anderen Ländern
zu beziehenden Rohstoffe, insbesondere der Baumwolle, vollzog
sich dank der insularen Lage des Landes in ökonomischer Weise.
Hierin allein aber lag nicht der Grund von Englands technischer
Übermacht; diese wurde in ganz besonders nachhaltiger Weise
durch einen dem Erfinder zuerkannten staatlichen Schutz, den
Patentschutz, gewährleistet. Das englische vom Jahre 1623
datierende Patentwesen ist einer der wichtigsten Bausteine

der industriellen Größe Englands, eine Tatsache, die Goethes scharfem Blick nicht entging und ihn veranlaßte, den Wert des Patentschutzes hervorzuheben.

Nachdem wir so in oberflächlichen Zügen das Bild geschildert haben, das die Technik und deren Hilfswissenschaften zu Goethes Zeit darboten, werden wir nunmehr den Lebenslauf des Olympiers unter Darlegung seiner Beziehungen zu den induktiven Wissenschaften und der Technik entrollen.

Abb. 9. A. Senefelders erste Steindruckpresse. 1796.
Aus dem Deutschen Museum in München.

Goethes Beziehungen zu den induktiven Wissenschaften, zu der Technik, zum gewerblichen Unterricht und zum Patentwesen.

I.

Frankfurt. — Leipzig. — Straßburg.

Die erste Beziehung, welche zwischen Goethe und der Technik sich vollzog, war nicht angenehmer Natur. Der Vater[63] hatte schon seit langer Zeit einen Umbau seines Hauses geplant, hiermit aber bis nach dem Ableben der Großmutter gewartet. Als diese nach längerer Krankheit das Zeitliche gesegnet hatte, wurde der Umbau, der in seinen Folgen einem Neubau glich, mit aller Energie unternommen. Der Vater, der, wie Goethe sagt, sich aufs Technische des Baues verstand, hatte sich vorgenommen, während des Baues nicht aus dem Hause zu weichen. Als aber das Dach teilweise abgetragen wurde, und der Regen trotz übergespannter Wachstuchdecken in die Betten der Kinder drang, entschloß sich der Vater endlich, diese zu wohlwollenden Freunden zu geben.

Den Anlaß, sich technisch und erfinderisch zu betätigen, erhielt Goethe durch die Ausgestaltung des von der Großmutter ihm überkommenen Puppentheaters (Abb. 10). Diese kindliche Unterhaltung und Beschäftigung hat nach Goethes eigenem Zeugnis bei ihm auf sehr mannigfaltige Weise das Erfindungs-

und Darstellungsvermögen, die Einbildungskraft und eine ge=
wisse Technik geübt und befördert, wie es vielleicht auf keinem
anderen Wege in einer so kurzen Zeit, in einem so engen Raume
mit so wenigem Aufwand hätte geschehen können.

Er hatte früh gelernt, mit Zirkel und Lineal umzugehen,
indem er den „ganzen geometrischen Unterricht in das Tätige
verwandte", und Papparbeiten konnten ihn höchlich beschäftigen.
Doch blieb er nicht bei geometrischen Körpern stehen, sondern
ersann sich artige Lusthäuser, die mit Pilastern, Freitreppen
und flachen Dächern ausgeschmückt wurden, „wovon jedoch
wenig zustande kam". Den ersten Beweis für den ihm an=
geborenen Untersuchungstrieb gegen natürliche Dinge lieferte
Goethe, als er den Musikpult des Vaters zu einem Altar um=
wandelte und auf diesem bei Sonnenaufgang ein Brandopfer
in Gestalt einiger Räucherkerzchen darbrachte, wobei er diese
mit Hilfe eines Brennglases entzündete. Das gelinde Ver=
brennen und Verdampfen dieser Kerzchen schien nach Ansicht
des Knaben das, was in seinem Gemüt vorging, besser aus=
zudrücken als eine offene Flamme.

Ein bewaffneter Magnetstein, sehr zierlich in Scharlachtuch
eingewickelt, mußte sodann eines Tages die Wirkung der For=
schungslust des Knaben erfahren. „Denn diese geheime An=
ziehungskraft, die er nicht nur gegen das ihm angepaßte Eisen=
stäbchen ausübte, sondern die noch überdies von der Art war,
daß sie sich verstärken ließ und täglich ein größeres Gewicht
tragen konnte, diese geheimnisvolle Tugend hatte mich der=
gestalt zur Bewunderung hingerissen, daß ich mir lange Zeit
bloß im Anstaunen ihrer Wirkung gefiel. Zuletzt aber glaubte
ich doch einige nähere Aufschlüsse zu erlangen, wenn ich die
äußere Hülle wegtrennte. Dies geschah, ohne daß ich dadurch
klüger geworden wäre; denn die nackte Armatur belehrte mich
nicht weiter. Auch diese nahm ich herab und behielt nun den
bloßen Stein in Händen, mit dem ich durch Feilspäne und
Nähnadeln mancherlei Versuche zu machen nicht ermüdete, aus
denen jedoch mein jugendlicher Geist außer einer mannigfaltigen
Erfahrung keinen weiteren Vorteil zog. Ich mußte die ganze

Abb. 10. Goethes Puppentheater.

Vorrichtung nicht wieder zusammenzubringen, die Teile zer-
streuten sich, und ich verlor das eminente Phänomen zugleich
mit dem Apparat. Nicht glücklicher ging es mir mit der Zusammensetzung einer Elektrisiermaschine. Ein Hausfreund, dessen Jugend
in die Zeit gefallen war, in welcher die Elektrizität alle Geister
beschäftigte, erzählte uns öfter, wie er als Knabe eine solche
Maschine zu besitzen gewünscht, wie er sich die Hauptbedingungen
abgesehen und mit Hilfe eines Spinnrades und einiger Arznei-
gläser ziemliche Wirkungen hervorgebracht. Da er dieses gern
und oft wiederholte und uns dabei von der Elektrizität überhaupt unterrichtete, so fanden wir Kinder die Sache sehr plau-
sibel und quälten uns mit einem alten Spinnrade und einigen
Arzneigläsern lange Zeit herum, ohne auch nur die mindeste
Wirkung hervorbringen zu können. Wir hielten demungeachtet
am Glauben fest und waren sehr vergnügt, als zur Meßzeit
unter andern Raritäten, Zauber- und Taschenspielerkünsten,
auch eine Elektrisiermaschine ihre Kunststücke machte, welche,
sowie die magnetischen, für jene Zeit schon sehr vervielfältigt
waren." —

Ein äußerst beschwerliches Geschäft erwuchs den Goetheschen
Kindern aus einer Liebhaberei des Vaters, die dessen Verständnis für technische Dinge entsprang; es war dies die Seiden-
zucht. Auch die Reinigung und Bleichung alter vergilbter
Kupferstiche lag den Goetheschen Kindern ob. Bei dem Bleichen
an der Sonne war die Hauptsache, daß das Papier niemals
austrocknen durfte, sondern immer feucht gehalten werden
mußte. Diese Aufgabe lag speziell dem jungen Wolfgang ob,
wobei ihm wegen der Langeweile und Ungeduld, wegen der
Aufmerksamkeit, die keine Zerstreuung zuließ, ein sonst so sehr
erwünschter Müßiggang zu höchster Qual gereichte.

Später bewies der junge Goethe sein Interesse an der
Technik, das hier allerdings Hand in Hand mit den künstlerischen
Interessen ging, dadurch, daß er sich vielfach in der großen
Wachstuchfabrik des Malers Nothnagel[64]) aufhielt.

Als Goethe im Jahre 1765 nach Leipzig übersiedelte, um
dem Studium der Rechte obzuliegen, rief diese Stadt, im

Gegensatz zu seiner Vaterstadt Frankfurt, in ihm keine alter=
tümliche Zeit zurück, sondern eine neue, kurz vergangene, von

Abb. 11. Susanna Katharina von Klettenberg.

Handelstätigkeit, Wohlhabenheit, Reichtum zeugende Epoche
kündete sich ihm an, und er beschränkte seine Studien keines=
wegs auf die Rechtswissenschaft, sondern hörte bei Winckler
auch Elektrizitätslehre.

Schwer erkrankt mußte Goethe am 28. August 1768 Leipzig verlassen und ins Vaterhaus zurückkehren. Unter dem Einfluß des frommen Fräuleins S u s a n n a   K a t h a r i n a   v o n   K l e t t e n b e r g [65]) (Abb. 11) und des ihn behandelnden Doktor M e t z wandte er sich hier chemisch-pharmazeutischen Studien zu, die einen stark mystischen adeptischen Beigeschmack hatten. Der genannte Arzt erfreute sich eines großen Zulaufs, da er die Gabe besaß, einige .geheimnisvolle selbstbereitete Arzneien im Hintergrunde zu zeigen, von denen niemand sprechen durfte, weil den Ärzten die Anfertigung von Arzneien, die eigene Dispensation, verboten war. Mit gewissen Pulvern tat er nicht so geheim; aber von einem gewissen Salze, das lediglich in den größten Gefahren angewendet werden durfte, war nur unter den Gläubigen die Rede, obgleich es kaum einer gesehen oder in seiner Wirkung erfahren hatte. Der Zufall fügte es, daß Goethes Zustand plötzlich sich derartig verschlimmerte, daß seine geängstigte Mutter[66]) den Arzt inständigst beschwor, mit seiner Universalmedizin hervorzurücken. Nach langem Widerstande eilte dieser in tiefer Nacht nachhause und kam mit einem Gläschen trockenen Salzes zurück, welches, in Wasser aufgelöst, einen entschieden alkalischen Geschmack hatte. Kaum hatte Goethe das Salz genommen, als sofort eine Besserung eintrat, und die Krankheit allmählich zu weichen begann. Dieser glänzende Erfolg weckte in Goethe und seiner frommen mit der Frau Rat eng befreundeten Gönnerin Susanna von Klettenberg den begreiflichen Wunsch, eines solchen Schatzes teilhaftig zu werden. Diese hatte schon früher angefangen, mit einem kleinen Windofen, Kolben und Retorten zu operieren, besonders auf Eisen, in welchem die heilsamsten Kräfte verborgen sein sollten. Weil in allen Goethe und seiner Gönnerin bekannten Schriften das Luftsalz eine große Rolle spielte, so wurden zu diesen Operationen Alkalien erfordert, welche, indem sie an der Luft zerflossen, sich mit jenen überirdischen Dingen verbinden und zuletzt ein geheimnisvolles treffliches Mittelsalz per se hervorbringen sollten. Kaum war Goethe einigermaßen wieder hergestellt, so fing er an, sich einen kleinen Apparat zuzulegen;

ein Windöfchen mit einem Sandbade wurde zubereitet, und er
lernte sehr geschwind mit einer brennenden Lunte die Glas=
kolben in Schalen verwandeln, in welchen dann die verschiedenen
Mischungen abgeraucht werden sollten.   So wunderlich und
unzusammenhängend auch diese Operationen waren, so lernte
er doch dabei mancherlei. Er gab genau auf alle Kristallisationen
acht, welche sich zeigen mochten, und ward mit den äußeren

Abb. 12. Die Treppenanlage in Goethes Vaterhaus.

Formen mancher natürlicher Dinge bekannt, und indem ihm
wohl bewußt war, daß man in der neueren Zeit die chemischen
Gegenstände methodischer behandelte, so wollte er sich davon
im allgemeinen einen Begriff machen, obgleich er als Halb=Adept
vor den Apothekern und allen denjenigen, die mit dem gemeinen
Feuer operierten, sehr wenig Respekt hatte. Hierbei zog ihn
das chemische Kompendium von Boerhave[67]) und die Apho=
rismen dieses berühmten Chemikers gewaltig an. Anklängen an
diese adeptisch=alchimistische Tätigkeit begegnen wir im „Faust".

Goethes Vater hatte sich bei dem Umbau seines Hauses
an die in Frankfurt a. M. allgemein übliche Bauweise gehalten.
Hierbei führte die Treppe von dem unteren Korridor frei hinauf
zu der oberen Etage (Abb. 12) und berührte Vorsäle, die sehr
gut zu Zimmern hätten eingerichtet werden können, wenn die
Treppe nach der in Leipzig üblichen Bauweise an der einen
Seitenwand emporgeführt wäre. Hierbei ergab sich noch der große
Vorteil, jedes Stockwerk durch eine einzige Tür abschließen zu
können. Bekanntlich hat diese freie Verbindung des Goetheschen
Vaterhauses während der französischen Einquartierung zu
einem heftigen Zusammenstoß zwischen dem gut „Fritzisch" oder
preußisch gesinnten Herrn Rat und dem Königsleutnant Thoranc[68])
geführt. Als nun der Sohn dem Vater die Vorzüge der Leipziger
Treppenanordnung auseinandersetzte und die Möglichkeit dar-
legte, daß die Treppe in höchst vorteilhafter Weise verlegt werden
könnte, geriet der Vater in heftigen Zorn, dies um so mehr,
als der junge Goethe kurz zuvor einige schnörkelhafte Spiegel-
rahmen und chinesische Tapeten getadelt hatte. Diese heftige
bautechnische Differenz trug wesentlich dazu bei, Goethes Abreise nach Straßburg zu beschleunigen. Dieser hat übrigens,
wie er Eckermann[69]) gegenüber sich äußerte, bei dem Umbau
seines Weimarer Hauses ebenfalls einer Vorliebe für schöne
Treppen, die er aus Italien mitgebracht hatte, allzusehr nach-
gegeben und sein Haus verdorben, indem die Zimmer kleiner
ausfielen als sie hätten sein sollen.

In Straßburg, wo er Anfang April 1770 eintraf, litt
Goethe noch unter einer gewissen Reizbarkeit der Nerven;
besonders war er stark empfindlich gegen Schall und beim
Hinunterblicken von einer Höhe wurde er von Schwindel befallen.
Die Empfindlichkeit gegen Schall kämpfte er dadurch nieder,
daß er abends beim Zapfenstreich neben den Trommlern einher-
schritt. Das Schwindelgefühl beseitigte er durch ein noch drasti-
scheres Mittel; er erstieg allein den höchsten Gipfel des Münster-
turmes und saß in dem sogenannten Hals unter dem Knopfe
eine Viertelstunde lang, bis er es wagte, in die freie Luft hinaus-
zutreten, wo er, auf einer Platte stehend, die kaum eine Elle

Abb. 13. Das Straßburger Münster.

im Geviert hatte, das unendliche Land vor sich sah und sich auf einer Montgolfiere in die Luft gehoben wähnte. Diese Entwöhnung vom Schwindel hatte zur Folge, daß Goethe, als er in Weimar zur Oberleitung großer Bauten berufen wurde, imstande war, die Arbeiter auf den höchsten Gerüsten zu kontrollieren. Neben den juristischen Kollegien hörte Goethe Chemie bei Spielmann.

Großes Interesse brachte er dem Blondellschen Projekt zur Verschönerung der Stadt Straßburg entgegen. Vor allem aber nahm ihn der gewaltige gotische Bau des Münsters (Abb. 13) gefangen. Seine Begeisterung für die Gotik, die in dem Vorschlage gipfelte, die Benennung „Gotische Bauart" abzuändern in „deutsche Bauart", hat er später in der Studie „Von deutscher Baukunst Erwins von Steinbach"[70]) niedergelegt. Allmählich hat diese Begeisterung unter dem Einfluß Winckelmanns,[71]) (Abb. 14), Osers[72]) und Palladios[73]) (Abb. 15) sich in das Gegenteil verwandelt. Besonders das Studium von Palladios Buch über die Architektur und der Anblick von dessen Bauten in Venedig und Vicenza führte Goethe später zum völligen Bruch mit der Gotik. In Venedig waren dies besonders die Kirchen St. Giorgio und Il Redentore (Abb. 16) und das Kloster Carità, in Vicenza die Basilika (Altes Rathaus) und das Teatro Olimpico. Diese Wandlung war eine so tiefgehende, daß sie angesichts des Gebälks vom Tempel des Antoninus und der Faustina (Abb. 17) zu Rom in folgenden Worten zum Ausdruck kam: „Das ist freilich etwas anderes als unsere kauzenden, auf Kragsteinlein übereinander geschichteten Heiligen der gotischen Zierweisen, etwas anderes als unsere Tabakspfeifenfräulein, spitzen Türmlein und Blumenzacken, diese bin ich nun Gott sei dank auf ewig los." In späteren Jahren hat sich Goethe unter dem Einfluß der Gebrüder Boisserée, Melchior[74]) und Sulpiz Boisserée,[75]) die ihn für die Vollendung des Kölner Doms zu gewinnen verstanden, der Gotik wieder wohlwollender zugewendet. Innerlich aber ist er stets ein Verehrer der Antike geblieben.

Goethes sicherer Blick auf architektonischem Gebiete erfuhr während seines Straßburger Aufenthalts eine überraschende

Bestätigung. Von einem Landhause aus betrachtete er in Gemeinschaft einer größeren Gesellschaft das Münster, wobei jemand sein Bedauern darüber ausdrückte, daß nur e i n Turm ausgeführt sei. Goethe fügte hinzu: „Es ist mir eben so leid, diesen einen Turm nicht ganz ausgeführt zu sehen, denn die

Abb. 14. Johann Joachim Winckelmann.

vier Schnecken setzen viel zu stumpf ab, es hätten darauf noch vier leichte Turmspitzen gesollt sowie eine höhere auf die Mitte, wo das plumpe Kreuz steht." Ein kleines Männchen frug ihn: „Wer hat Ihnen das gesagt?" „Der Turm selbst" versetzte Goethe, „ich habe ihn so lange und aufmerksam betrachtet und ihm so viel Neigung erwiesen, daß er sich zuletzt entschloß, mir dieses offenbare Geheimnis zu gestehen." „Er hat Sie nicht

mit Unwahrheit berichtet," verſetzte jener „ich kann es am
beſten wiſſen, denn ich bin der Schaffner, der über die Baulich=
keiten geſetzt iſt. Wir haben in unſerem Archiv noch die Original=
riſſe, welche daſſelbe beſagen." Goethe hat ſich dann mit
gerechter Genugtuung jene alten Riſſe abgezeichnet; auch der

Abb. 15. Andrea Palladio.

in Abb. 18 wiedergegebene Riß des Turmhelms des Münſters
weiſt die mit kleinen Spitzen abgeſchloſſenen Treppenſchnecken
auf. Derſelbe iſt im Jahre 1883 von der Berniſchen Künſtler=
geſellſchaft veröffentlicht und befindet ſich auf dem Stadtbauamt
in Bern. Als ſeinen Urheber vermutet man den Baumeiſter
Ulrich von Enſingen, der von 1399 ab mit Unterbrechungen
zwanzig Jahre lang den Münſterbau geleitet hat.

Auf den von Straßburg aus unternommenen Reisen ver=
säumte Goethe niemals technische Einrichtungen zu besichtigen

Abb. 16. „Il Redentore" zu Venedig.

und zu würdigen, so z. B. die berühmte Zaberner Steige, „ein
Werk von unüberdenklicher Arbeit, eine Chaussee, schlangenweise

3*

Abb. 17. Gebälk vom Tempel des Antoninus und der Faustina zu Rom.
Nach Mauch: Architektonische Ordnungen. Potsdam 1842.

über die fürchterlichsten Felsen aufgemauert". In Saarbrücken wurde er in das Interesse für Bergbau eingeweiht, und die Lust zu ökonomischen und technischen Betrachtungen, welche ihn einen großen Teil seines Lebens beschäftigt haben, wurde hier zuerst erregt. Hier hörte er von dem reichen Duttweiler Steinkohlenbergbau, von Eisen= und Alaunwerken, sogar von einem brennenden Berge, und er beeilte sich, diese Wunder in der Nähe zu schauen. Das komplizierte Maschinenwerk einer Drahtzieherei rang ihm die Anerkennung ab, daß es „in einem höheren organischen Sinne wirkt, von dem Verstand und Be= wußtsein kaum zu trennen sind". In den Duttweiler Kohlen= gruben betrat Goethe die Region des „brennenden Berges". Ein Zufall sollte die Entzündung bewirkt haben; die Alaun= fabrikation zog hieraus den großen Vorteil, daß die Schiefer, welche die Oberfläche des Berges bildeten, vollkommen geröstet da lagen und nur ausgelaugt zu werden brauchten. Rings= umher war der Boden schwarz, und die Kohlen lagen häufig frei zutage, so daß ein Kohlenphilosoph — philosophus per ignem — sich wohl nirgends besser hätte ansiedeln können. Hier traf man den Besitzer Namens Stauf an, der sich in Klagen über schlechte Geschäftslage erging. Goethe kennzeichnet ihn mit folgenden Worten: „Er gehörte unter die Chemiker jener Zeit, die, bei einem innigen Gefühl dessen, was mit Natur= produkten alles zu leisten wäre, sich in einer abstrusen Betrachtung von Kleinigkeiten und Nebensachen gefielen und bei unzuläng= lichen Kenntnissen nicht fertig genug dasjenige zu leisten ver= standen, woraus eigentlich ökonomischer und merkantilischer Vorteil zu ziehen ist. So lag der Nutzen, den er sich von seinem Schaum (der sich beim Alaunsieden abschied) versprach, sehr im weiten; so zeigte er nichts als einen Kuchen Salmiak, den ihm der brennende Berg geliefert hatte." Stauf zeigte dann noch eine zusammenhängende Ofenreihe, wo die Kohle zu Koks verarbeitet wurde. Offenbar hatte man hier ohne Erfolg den Versuch gemacht, Teer und sonstige Nebenprodukte zu gewinnen. Goethe glaubte, daß hier das Unternehmen infolge jener viel= fachen Absichten unterlegen sei. — Heutzutage bildet bekanntlich

Abb. 18. Alter Riß des Turmhelms des Straßburger Münsters.

die Gewinnung der Nebenprodukte einen lohnenden Teil der Kokerei.

Auf dem sich anschließenden abendlichen Marsche erfreute sich die Reisegesellschaft an dem lustigen Feuerwerk der funkenwerfenden Essen. Das Geräusch des Wassers und der von ihm getriebenen Blasebälge, das fürchterliche Sausen und Pfeifen des Windstromes, der, in das geschmolzene Eisen wütend, die Ohren betäubte und die Sinne verwirrte, trieb Goethe aus dem Bereiche der Hochöfen hinaus nach Neunkirchen in das Nachtquartier.

Auch das Sesenheimer Idyll, das auf Friederike Brion[76] den Strahl der Dichtersonne fallen ließ, gab Goethe die Gelegenheit, sich als Techniker zu bewähren, indem er für Friederikens Vater, der ungeduldig den Neubau seines Pfarrhauses erwartete, Bauzeichnungen anfertigte. In der Freude seines Herzens zeigte dieser die Baurisse einigen gerade anwesenden Besuchern, und diese kritisierten und korrigierten Goethes Entwurf derart, daß zuletzt allgemeines Mißbehagen herrschte, das Friederikens gütliches Zureden nicht zu bannen vermochte. Friederike aber dankte für die Aufmerksamkeit gegen den Vater ebenso wie für die Geduld bei der Unart der Gäste. Goethe hat dann später einen Bauverständigen veranlaßt, neue Zeichnungen nebst Kostenanschlag anzufertigen. Noch ein zweites technisches Mißgeschick brach in Sesenheim über Goethe herein. Da Friederikens Vater Goethes besten Willen erkannt hatte, bat er diesen, er möge seine zwar hübsche, aber einfarbige Chaise mit Blumen und Zierarten ausstaffieren. Goethe kam dem Wunsche bereitwilligst nach, aber leider wollte der Firnis nicht trocknen. Sonnenschein und Zugluft fruchteten nichts, und es blieb nur übrig, die Verzierungen mit vieler Mühe zu entfernen. Die Unlust bei dieser Arbeit vergrößerte sich noch dadurch, daß Friederike und ihre Schwester flehentlichst baten, langsam und vorsichtig zu verfahren, um den Grund zu schonen.

In die Straßburger Zeit fällt der Beginn des „Götz von Berlichingen". Dieses Erstlingswerk ist für uns von doppeltem Interesse. Zunächst, weil es neben dem eigentlichen Helden

ein Meisterwerk mittelalterlicher Feinmechanik für immer mit
dem Hauche der Poesie umkleidet hat: Götzens eiserne Hand,
die den furchtlosen Verteidiger der Bedrückten in den Stand
setzte, das Schwert für die Rechte des Volkes bis in sein hohes
Alter zu führen. Dann aber hat der Götz noch für uns einen
besonderen Wert dadurch, daß er den Vorläufer bildet zu dem
„Prometheus", in welchem Goethe dem Spender des Feuers,
des Urquells aller industriellen und technischen Tätigkeit, hul-
digte.

Während der auf den Straßburger Aufenthalt folgenden
Jahre war Goethe, der in Straßburg die Würde eines Lizentiaten
der Rechte erlangt hatte, mit der Wahrnehmung der anwaltlichen
Praxis und seiner weiteren juristischen Ausbildung beschäftigt.
Von einer Pflege der Naturwissenschaften, von einem Beschäftigen mit den induktiven und technischen Wissenschaften ver-
lautet nichts. Von Interesse ist nur, daß bei Goethe sich allmählich ein Abwenden von der Gotik und ein Hinneigen zur
Antike vollzog.

Es folgt nunmehr die große Weimarer Zeit, während welcher
Goethe bis an sein Lebensende die mannigfaltigste Gelegenheit
fand, an hoher verantwortungsvoller Stelle sich mit der Technik
und ihren Hilfswissenschaften zu beschäftigen.

II.

Weimar.

Am 7. November 1775 traf Goethe, der Einladung des
Herzogs Karl August folgend, in Weimar ein. Während dasjenige, was wir bisher vorgeführt haben, von Goethe selbst in
„Dichtung und Wahrheit" mit plastischer Anschaulichkeit dargelegt ist, sind wir bei dem Studium und der Würdigung seiner
nunmehr einsetzenden Tätigkeit gezwungen, seinen Spuren in
der Schilderung seiner Zeitgenossen, in seinem umfangreichen
Briefwechsel, in seinen Gesprächen und Tischreden, sowie in

seinen zahlreichen poetischen und prosaischen Schriften nach-
zugehen.

Die enge Freundschaft, welche hinfort Goethe und Karl
August (Abb. 19), beide in ihrer Art einzige Persönlichkeiten,
bis zu dem am 14. Juni 1828 erfolgten Tode des Herzogs

Abb. 19. Karl August.

verband, zieht sich wie ein roter Faden auch durch diejenige
Tätigkeit Goethes hin, die sich auf den verschiedenen Gebieten
der induktiven Wissenschaften und der Technik vollzog.

Was den Herzog vor vielen, fast vor allen seinen Zeit- und
Standesgenossen auszeichnete, war die unausgesetzte Sorge um
die Wohlfahrt seines Landes, gepaart mit weitestgehender Vor-

urteilslosigkeit, beides das Ergebnis der Erziehung, die ihm
seine hochbegabte Mutter Anna Amalia, die Nichte Friedrichs
des Großen, hatte zuteil werden lassen. Goethe hat trotz der
wiederholten tiefgehenden Meinungsverschiedenheiten der hohen
Eigenart seines fürstlichen Freundes mit rückhaltloser Anerkennung gedacht: am bekanntesten sind nach dieser Richtung
die folgenden Distichen geworden:

> Klein ist unter den Fürsten Germaniens freilich der meine;
> Kurz und schmal ist sein Land, mäßig nur, was er vermag.
> Aber so wende nach innen, so wende nach außen die Kräfte
> Jeder! dann wär's ein Fest, Deutscher mit Deutschen zu sein.

Und zu Eckermann äußerte er: „Ich bin dem Großherzoge
seit einem halben Jahrhundert auf das innigste verbunden und
habe mit ihm gestrebt und gearbeitet. Aber lügen müßte ich,
wenn ich sagen wollte, ich wüßte einen einzigen Tag, wo er
nicht daran gedacht hätte, etwas zu tun und auszuführen, das
seinem Lande zum Wohl gereichte und das geeignet wäre, den
Zustand des einzelnen zu verbessern. Für sich persönlich, was
hatte er denn von seinem Fürstenstand als Last und Mühe!"

Noch eingehender kennzeichnet Goethe seinen fürstlichen
Gönner an einer anderen Stelle: „Wie belohnend war es, für
einen solchen Fürsten zu wirken, welcher immer neue Aus-
sichten dem Handeln und Tun eröffnete, sodann die Ausführung mit Vertrauen seinen Dienern überließ, immer von
Zeit zu Zeit wieder einmal hereinsehend, und ganz richtig
beurteilte, in wie fern man den Absichten gemäß gehandelt
hatte; da man ihn dann wohl das eine oder das andere
Mal durch die Resultate schnellerer Fortschritte zu überraschen
wußte."

Von den Thronen Preußens und Österreichs leuchteten
als Pfleger der höchsten Herrschertugenden F r i e d r i c h d e r
G r o ß e[77]) und J o s e p h d e r Z w e i t e.[78]) Dasselbe kann mit
Fug und Recht von Karl August behauptet werden. Wenn wir
uns das Leitmotiv zu vergegenwärtigen suchen, das sich durch
Karl Augusts langjährige Regierung und durch Goethes dieser
Regierung gewidmete amtliche Tätigkeit hindurchzieht, so stoßen

wir überall auf eine Betätigung dessen, was der geistvolle und praktische Justus Möser[79]) in seinen „Patriotischen Phantasien" niedergelegt hat. Schon bevor er die Bekanntschaft des jungen Erbprinzen Karl August am 11. Dezember 1774 gemacht hatte, hatte Goethe in den Möserschen Arbeiten „die innigste Kenntnis des bürgerlichen Wesens bewundert" und dem fürstlichen Freunde gegenüber schon bei dem ersten Zusammensein sich zu den Lehren Mösers bekannt. Diese, aus der Praxis des Lebens geschöpft, bezogen sich u. a. auf Mittel, um die Gewerbe und die Landwirtschaft zu heben, kurz, den Wohlstand der Völker zur Blüte zu bringen. „Ich trage sie (die Patriotischen Phantasien) mit mir herum; wenn, wo ich sie aufschlage, wird mirs ganz wohl, und hunderterlei Wünsche, Hoffnungen, Entwürfe entfalten sich in meiner Seele." So hoch bewertete Goethe die Möserschen Ideen und er fand hierbei das weitestgehende Verständnis des Herzogs. So entsprang aus dem langjährigen zielbewußten Zusammenwirken beider bevorzugter Sterblicher für die Weimarschen Lande ein reicher Quell ideellen und materiellen Segens.

Gern und rückhaltlos brachte auch Karl August zum Ausdruck, was er an Goethe besaß. So schrieb er an Merck[80]): „Mit Ehren kann man Goethes Bild als Siegel führen. Wer dieses Petschaft mit demjenigen Respekt braucht, welchen es verdient, wird gewiß nicht leicht etwas Schlechtes in die Welt schicken."

Am 11. Juni 1776 wurde Goethe als Geheimer Legationsrat mit Sitz und Stimme in dem Geheimen Konsilium angestellt, wobei der Herzog für nötig befand, der hier und da laut gewordenen Mißstimmung durch folgende eigenhändige Erklärung entgegenzutreten: „Einsichtsvolle wünschen mir Glück, diesen Mann zu besitzen. Sein Kopf, sein Genie ist bekannt. Einen Mann von Genie an anderem Orte gebrauchen, als wo er selbst seine außerordentlichen Gaben gebrauchen kann, heißt ihn mißbrauchen. Was aber den Einwand betrifft, daß durch den Eintritt viele verdiente Leute sich zurückgesetzt erachten würden, so kenne ich erstens niemand in meiner Dienerschaft, der, meines Wissens auf dasselbe hoffte, und zweitens werde ich nie einen Platz, welcher in so genauer Verbindung mit mir, mit dem Wohl und Wehe meiner gesamten Untertanen steht, nach Anciennität, ich werde ihn immer nur nach Vertrauen vergeben. Das Urteil der Welt, welches vielleicht mißbilligt, daß ich den Doktor Goethe in mein wichtigstes Kollegium setze, ohne daß er zuvor Amtmann, Professor, Kammerrat oder Regierungsrat war, ändert gar nichts. Die Welt urteilt nach Vorurteilen, ich aber sorge und arbeite wie jeder andere, der seine Pflicht tun will, nicht um des Ruhmes, nicht um des Beifalles der Welt willen, sondern um mich vor Gott und meinem eigenen Gewissen rechtfertigen zu können."

Goethes Anstellungsdekret lautet wörtlich:

"Von Gottes Gnaden, Wir Karl August, Herzog zu Sachsen usw.

Urkunden hiermit: Nachdem Wir den Doctorem juris **Johann Wolfgang Goethe wegen seiner Uns genug bekannten Eigenschaften, seines wahren Attachements zu Uns und Unseres daher fließenden Zutrauens und Gewißheit,** daß Uns und Unserem Fürstlichen Hause er bei dem von Uns ihm anvertrauten Posten Treue und nützliche Dienste zu leisten, eifrigst beflissen sein werde, zu Unserm Geheimden Legationsrat mit Sitz und Stimme in Unserem Geheimden Consilio zu ernennen, auch ihm einen jährlichen, mit Johannis a. c. seinen Anfang nehmenden Gehalt an 1200 Talern auszusetzen, die Entschließung gefaßt haben: als ist demselben hierüber gegenwärtiges Dekret, welches Wir eigenhändig vollzogen und mit Unserem Fürstlichen Insiegel bedrucken lassen, ausgefertigt und zugestellt worden.

So geschehen und geben Weimar den 11. Juni 1776.

Carl August."

Die in dem Anstellungsdekret gesperrt gedruckten Worte sind eigenhändige Korrektur des Herzogs. Ursprünglich hieß es im Konzept: „in Betracht dessen zu Unsrer eigenen Kenntnis gediehenen vielen rühmlichen Qualitäten, Begabnissen und Wissenschaften, wie auch aus besonderer gegen denselben hegender Gnade und Affektion und der dabei habenden zuversichtlichen Hoffnung."

Die amtliche Tätigkeit Goethes, soweit sie uns interessiert, bestand zunächst in der Leitung der **Bergwerks-, der Kriegs-, der Wasserbau- und der Wege-baukommission.**

Am 5. September 1779 erhielt Goethe das Patent als Geheimer Rat. Am 3. September 1781 wurde ihm eine Be-soldungszulage von 200 Talern zuteil; später bezog er ein Gehalt von 1800 Talern bis zum Jahre 1816, wo die Minister-gehälter auf 3000 Taler erhöht wurden. Hierzu kam noch ein Zuschuß für die Haltung eigener Equipage.

Nach dem Abgange des Kammerpräsidenten von Kalb eröffnete der Herzog der Herzoglichen Kammer unter dem 11. Januar 1782, „daß die Geschäfte vorerst in der seitherigen Ordnung und in dem hergebrachten Gang unter der Leitung des jedesmaligen Vorsitzenden Geheimen Kammerrats vor sich gehen sollten, daß aber über alle etwas beträchtlichen Vorfallen-heiten mit dem Geheimen Rat Goethe Rücksprache zu halten sei, wenn er den Sessionen des Collegii beiwohnen wolle". Hieraus geht hervor, daß die Tätigkeit Goethes in der Wahr-nehmung einer Vertrauensstellung zu seinem väterlichen Freunde bestand, ohne daß jener die Stellung eines Kammerpräsidenten innegehabt hätte. Dies betont auch schon der Hofrat und Leib-arzt Dr. C. Vogel in seinem im Jahre 1834 erschienenen Buche „Goethe in amtlichen Verhältnissen", indem er wörtlich aus-führt: „Unrichtig nimmt man gewöhnlich an (und selbst die Weimarsche Zeitung vom 7. April 1832 verfällt in diesen Irrtum) Goethe habe die Stelle eines Kammerpräsidenten bekleidet. Manche böswillige Aussprengungen über seine Ent-hebung von diesem Posten haben sich an diesen Wahn geknüpft. Die Akten enthalten nichts von einer solchen Ernennung."

Goethe „probierte, nachdem er das Hofleben gekostet, auch
das Regiment"; hierbei überschätzte er aber um ein erhebliches
seine Kräfte. Als außerdem schwere Meinungsverschiedenheiten
mit dem Herzoge auftraten, auch das Verhältnis zu Charlotte
von Stein[81]) sich trübte, da enteilte er am 3. September 1786
von Karlsbad aus fluchtartig nach Italien, um erst am 18. Juni
1788 neugeboren nach Weimar zurückzukehren. Am 27. Mai
1787 hatte Goethe von Neapel aus den Herzog gebeten, dieser
möge ihm mit einem freundlichen Worte seiner Inkumbenz
(und mit der gewöhnlichen Formel „auf sein Ansuchen") ent=
binden oder ihm die Direktion geben, wie er sie in W i r k l i ch -
k e i t (nicht nach dem Reskript vom 11. Januar 1782) gehabt
habe. Es erfolgte schließlich eine Einigung in der Weise, daß
der bisherige Geheime Assistenzarzt Schmidt zum Kammer=
präsidenten ernannt wurde, daß jedoch der inzwischen vom
Kaiser Joseph dem Zweiten in den Adelsstand erhobene Geheim=
rat von Goethe, um in beständiger Konnexion mit den Kammer=
angelegenheiten zu bleiben, berechtigt sei, den Sessionen des
Collegii von Zeit zu Zeit, so wie es seine Geschäfte erlaubten,
beizuwohnen und dabei seinen Sitz auf dem für den Herzog
bestimmten Stuhl zu nehmen. Mit dieser Maßgabe trat Goethe
seine amtliche Tätigkeit nach der Rückkehr aus Italien wieder
an. Diese Tätigkeit erweiterte sich in der Richtung, daß Goethe
hinfort bei allen umfangreichen Bauangelegenheiten jeglicher
Art in leitender Stellung herangezogen wurde. Diese viel=
seitige Tätigkeit Goethes hat der Kanzler Friedrich von Müller[82])
in seiner am 13. September 1832 in der Akademie gemein=
nütziger Wissenschaften zu Erfurt gehaltenen Gedächtnisrede
wie folgt gekennzeichnet: „Jeden stillen Gewinn suchte er
alsbald nutzbar für öffentliche Zwecke zu verwenden. Er ver=
suchte es, neues Leben in den B e r g b a u zu bringen und
sich mit allen technischen Hilfsmitteln dazu vertraut zu machen;
ch e m i s ch e V e r s u ch e werden eifrig hervorgerufen, neue
S t r a ß e n gebahnt, der W a s s e r b a u nach richtigeren Grund=
sätzen betrieben, der alten Saale bei Jena durch zweckmäßige
Durchstiche fruchtbare Wiesen abgenommen und in stetem

Kampfe mit der Natur der Obſieg verſtändig beharrlichen
Willens errungen."

Goethes amtliche Tätigkeit fällt in die Zeit des Sieges-
laufs der Maſchine, des Erſaßes der Handarbeit durch die
Maſchinenarbeit, und er hat dieſen Übergang von der alten
zur neuen Zeit perſönlich mit auskämpfen müſſen. Doktor
Hermann Lehmann veröffentlichte im 40. Bande der „Schriften
des Vereins für Sozialpolitik" eine vermutlich am 5. März 1779
von Goethe in ſein Tagebuch eingetragene Angabe, die den
Ernſt der durch das Überwiegen der engliſchen Induſtrie in
der Weimarſchen Hausarbeit geſchaffenen Lage dramatiſch
ſchildert: „Strumpfw. liegen an hundert Stühlen ſtill ſeit der
Neujahrsmeſſe. Manufaktur-Kollegium hilft nichts. — Armer
Anfang ſolcher Leute leben aus der Hand in Mund der Verleger
hängt ihnen erſt den Stuhl auf, heurathen leicht. Sonſt gaben
die Verleger die geſponnene Wolle dem Fabrikanten, jetzt muß
ſie der Fabrikant ſpinnen oder ſpinnen laſſen und das Gewicht
an Strümpfen liefern. Verluſt dabey an Abgang, Schmuz
und Fett denn die Strümpfe werden gewaſchen. Kann ſie der
Fabrikant nicht ſelbſt durch die ſeinen ſpinnen laſſen wird er
noch obendrein beſtohlen. Sonſt wog man die Strümpfe überhaupt und ein Paar übertrug das andere, iezzog werden ſie
einzeln gewogen und das ſchwerere Paar nicht vergütet vom
leichtern Paar aber abgezogen. Jezziger Stillſtand Sie ſagen
der Krieg hindre nach Öſterreich Waren zu ſchaffen denn obgleich daſelbſt dieſe Waren kontreband ſind gehen ſie doch in
Friedenszeiten hinein." In den Jahren 1784 und 1797 mußten
Aufſtände der Strumpfwirkergeſellen mit Hilfe des Militärs
unterdrückt werden. Die Hauptträdelsführer wurden mit Zucht-
haus, Gefängnis und Geldbußen beſtraft. Um die Wende des
Jahrhunderts hatte der Rückgang der Strumpfwirkerei einen
derartigen Umfang angenommen, daß die Landſtände wegen
Überhandnehmen des Bettelunweſens vorſtellig wurden. Unter
den Folgen der Schlacht bei Jena geſtalteten ſich die Verhältniſſe
noch troſtloſer und geſundeten erſt allmählich, nachdem leiſtungs-
fähigere Maſchinen und engliſches Garn beſchafft waren, und

Sachsen-Weimar im Jahre 1833 dem preußischen Zollverein beitrat.

Goethe hat uns einen von ihm in der sogenannten Freitags-gesellschaft „über die verschiedenen Zweige hiesiger Tätigkeit" zu haltenden Vortrag zum Teil ausgearbeitet, zum Teil nur in der Disposition hinterlassen. Eduard von der Hellen hat diesen Vortrag im 14. Bande des Goethe-Jahrbuchs veröffentlicht. Die erste ausgearbeitete Hälfte behandelt neben anderen Dingen den Zeichenunterricht, den Neubau des Weimarer Schlosses, Chemie, Physik, Mathematik, die Maschinen des Ilmenauer Bergwerks und den dort aufgestellten Reverberierofen. Aus dem Schema der zweiten, nicht ausgearbeiteten Hälfte des Vor-trages sind für uns folgende Stichworte von Interesse:

W a s s e r b a u, bloß empirisch, ja sogar nach falschen Prinzipien unternommen, inwiefern die rechten Grundsätze deutlich und allgemein zu machen. A u s t r o c k n u n g des Schwanensees, des Schloßgrabens, des Küchteiches, Ausfüllung des jenaischen Stadtgrabens. Feuerlösch-Anstalten. F a b r i k e n. Strumpffabrik von ungefähr 1300 Stühlen, wovon $^2/_3$ im Gange, Serge und Flaggentuch zu Ilmenau. Porzellan daselbst. Wolle-Spinnerei zu rohem Verkauf. Pech und Kienruß. Teppiche. Seidenfasern. Blech- und Modewaren. Leinewand und melierte Leinewand-Arbeiten. Breite Antwerpener Leinewand. Kleine Kugeln und Kunststeine zu Ilmenau. Bleiche Hülsner. Hut-fabrik Rostümpfel. Schneckische Instrumente. Alle Arten von buntem und marmoriertem Papier. Eckenbrecht. Bordüren. Industrie-Kontor. Blumenfabrik. Spinnschule. Spinnhaus, H a n d w e r k e r ü b e r h a u p t. Kleine Handwerker. Feilen-hauer, Sporer. Schwert- bzw. Zeugschmied. — —

Die Beziehungen Goethes zu den induktiven Wissen-schaften wurden erheblich vertieft, als ihm im Jahre 1809 die O b e r a u f s i c h t ü b e r d i e s o g. u n m i t t e l b a r e n A n s t a l t e n f ü r W i s s e n s c h a f t u n d K u n s t über-tragen wurde. Dieselbe umfaßte die Bibliothek, das Münz-kabinett, das Kunstkabinett, die Freie Kunstschule mit einem Zweige in Eisenach, die Gemälde- und Kupferstichsammlung zu Weimar, das Lithographische Institut zu Eisenach (im Jahre 1833 aufgehoben), die Zoologischen, die Botanischen, Mineralogischen, Anatomischen, Physikalisch-Chemischen Kabinette, den Botanischen Garten, die Sternwarte, die Tierarzneischule und die Akademische Bibliothek zu Jena. Dieser Zweig seiner amtlichen Tätigkeit brachte Goethe in Beziehung zum g e w e r b - l i c h e n U n t e r r i c h t. Vor allem aber hatte der mit den Professoren der Universität Jena sich anbahnende Verkehr zur Folge, daß dort allmählich ein t e c h n i s c h - w i s s e n s c h a f t - l i c h e s I n s t i t u t in die Erscheinung trat, das auf die Förderung der Technik in den Weimarschen Landen und auch außerhalb derselben einen überaus segensreichen und nachhaltigen Einfluß ausgeübt hat.

Am 1. Mai 1791 wurde Goethe mit der Leitung der H o f - b ü h n e betraut, ein Amt, das ihn mit dem Bau und mit der maschinellen Einrichtung der Theater in engste Beziehung brachte, jedoch im Jahre 1817 von ihm infolge schwerer Meinungsverschiedenheiten mit dem Herzog niedergelegt wurde.

Nachdem wir Goethes amtliche Tätigkeit, soweit sie in Beziehung zu unserem Thema steht, in großen Zügen dargelegt haben, wenden wir uns nunmehr der Würdigung dieser Tätigkeit im einzelnen zu.

Am 13. Juli 1776 setzte der Herzog die der Leitung Goethes unterstellte B e r g w e r k s k o m m i s s i o n ein, um die seit dem 9. Mai 1739 infolge des Bruches des Dammes des großen Röbelsteichs außer Betrieb stehenden, einstmals blühenden S i l b e r b e r g w e r k e a n d e r S t u r m h e i d e b e i I l m e n a u wieder in Betrieb zu setzen. Unsere Abbildungen 20 und 21 lassen die Lage und die Anordnung der unter Wasser stehenden Schächte erkennen. Bei 45 der Karte liegt der in dem Querschnitt mit I bezeichnete Schacht „Haus Sachsen", bei 42 der „Treppenschacht" (II des Querschnitts), bei 41 der Schacht „Güte Gottes" (III des Querschnitts), bei 40 der Schacht „Gottes Gabe" (IV des Querschnitts), bei 37 der Schacht „Herzog Wil-

helm Ernst" (V des Querschnitts), bei 36 der Schacht „Gott
hilft gewiß" (VI des Querschnitts). In dem Querschnitt bezeich=
nen die Ziffern 1 den von der Ilm vorgetriebenen Stollen,
2 das „Kreuzort", 3 das „Nasseort", 4 den „Martinröder Stollen",
5 das „Roteort", 6 die „Schleppstrecke", 7 das Schieferflöz,
aus der die Erze zu gewinnen waren; 8 ist eine in Vorschlag
gebrachte Wasserstrecke, mit 9 sind die in Vorschlag gebrachten
weiteren Abteufungen des „Treppenschachtes", der „Güte
Gottes" und der „Gottes Gabe" bezeichnet.

Mit einem Aufwand von 20 000 Talern hatte die Sachsen=
Weimarsche Regierung den Martinröder Stollen und das
„Nasseort" offen und in fahrbarem Zustande erhalten und auf
einen günstigen Zeitpunkt für die Wiederaufnahme des Be=
triebes gewartet. Die für die Wiederherstellung des Rödels=
teiches aufzuwendenden hohen Kosten, die Forderungen der
Gläubiger der alten Bergwerke und die Wirren des Sieben=
jährigen Krieges ließen aber eine solche Wiederaufnahme un=
möglich erscheinen. Nach dem Regierungsantritt Karl Augusts
vollzog sich nun eine Wendung zum Bessern. Der Chursächsische
Oberbaghauptmann v o n T r e b r a wurde um Erstattung
eines Gutachtens ersucht und äußerte sich dahin, daß das Berg=
werk wert sei, wieder in Angriff genommen zu werden. Zu=
gleich schlug er vor, den außer Betrieb stehenden in früheren
Jahren auf 40 Lachter abgeteuften „Johannis=Schacht" (bei
33 der Karte) und den ebenfalls verbrochenen „Neue Hoffnungs=
Schacht" (auf der Karte links von Ilmenau angegeben) wieder
zu eröffnen. Alsdann sollte der Martinröder Stollen des alten
Bergwerks bis zu diesem Schacht verlängert, und der Damm
des Rödelsteiches nebst Kunstgraben wieder hergestellt werden,
letzteres, um die für den Betrieb erforderlichen Aufschlagwasser
zu beschaffen. Die zur Prüfung und Ausführung dieser Vor=
schläge eingesetzte Bergwerkskommission bestand aus G o e t h e ,
dem Kammerpräsidenten v o n K a l b und dem Hofrat v o n
E c c a r d , später aus Goethe und dem Hofrat V o i g t , nach=
maligen Staatsminister von Voigt[83]). Goethe bediente sich
hierbei · der Mithilfe eines „wundersamen, durch verwickelte

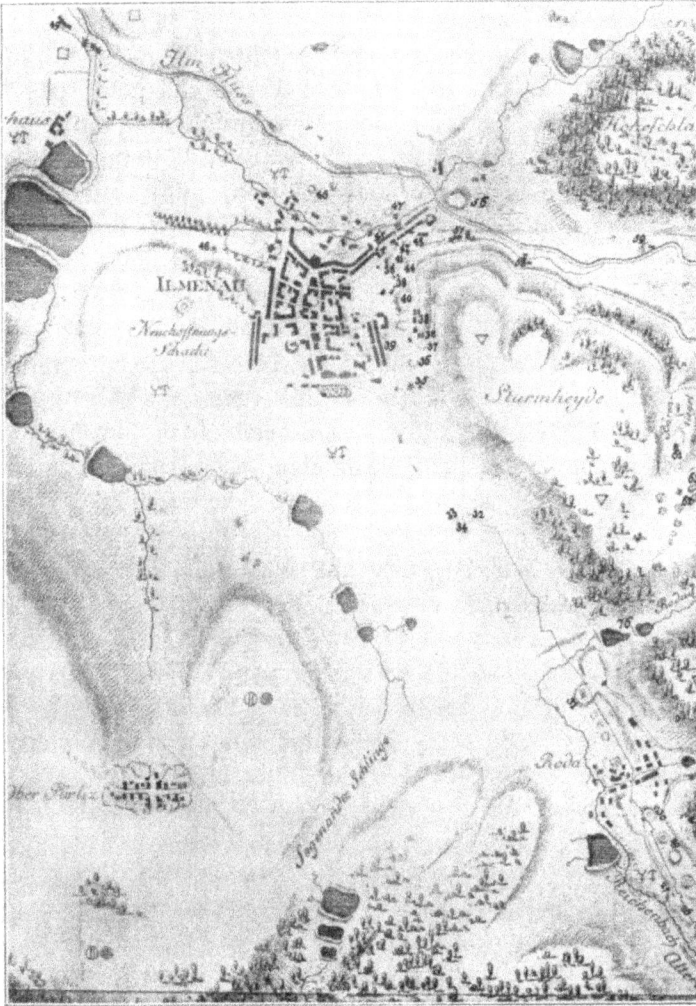

Abb. 20. Lageplan der Sturmheider Bergwerke bei Ilmenau.

Schicksale nicht ohne seine Schuld verarmten Mannes", der sich unter dem Namen Krafft in Ilmenau aufhielt und im Jahre 1785 verstarb.

Goethe nahm sich der ihm gestellten Aufgabe mit aller Energie an. Schon am 10. Mai 1776, also noch vor der Übernahme der Leitung der Bergwerkskommission, schrieb Charlotte von Stein[84]) an von Zimmermann[84]): „Jetzt nenne ich ihn meinen Heiligen, und darüber ist er mir unsichtbar worden, seit einigen Tagen verschwunden und lebt in der Erde, fünf Meilen von hier im Berg=werk."

Um sich an Ort und Stelle über die zu treffenden Maß=nahmen zu unterrichten, fuhr auch Karl August wiederholt in das alte Bergwerk ein. Der Bergrat Johann Karl Wil=helm Voigt, der Bruder des vorgenannten Hofrats Voigt, hebt in seiner dem Herzog gewidmeten „Geschichte des Ilmenau=ischen Bergbaues" rühmend hervor, daß jener selbst den tiefen Martinröder Stollen befahren habe, welcher bei seiner Länge von mehr als 3000 Lachtern und den anhaltenden niedrigen Stellen Anstrengungen erforderte, denen sich kaum der geübte Bergmann hingab. Fast wäre Karl August bei einer dieser Grubenfahrten ums Leben gekommen. Eine Leitersprosse zerbrach, der Herzog fiel in den Schacht hinab und wurde ohn=mächtig zutage gefördert. Der Ilmenauer Arzt war nicht zur Stelle, ebensowenig der Feldscher, und so sprengte der Leib=husar nach Jena, um den Professor der Medizin Loder[85]) herbei=zuholen. Inzwischen traf ein junger Gehilfe des Feldschers namens Bernstein ein, untersuchte und verband den Herzog, nachdem er sich vergewissert hatte, daß Knochenbrüche nicht vorlagen. Der später eintreffende Loder konnte sich darauf beschränken, festzustellen, daß er den von Bernstein angelegten Verband nicht besser habe ausführen können. Karl August ließ später den jungen Feldscherlehrling auf seine Kosten studieren, und dieser hat es zu einem hoch angesehenen Mitglied der Ber=liner Medizinischen Fakultät gebracht, in Fachkreisen bekannt durch eine vorzügliche Bandagenlehre.

Auch Goethe wäre faft das Opfer feiner bergbaulichen Tätigkeit geworden, als er zur Erweiterung feiner Kenntniffe die Hütten- und Bergwerke des Harzes befuchte und am 8. Dezember 1777 in die bei Clausthal belegene Karolinen-, Dorotheen- und Benediktengrube einfuhr. In einem an C h a r l o t t e v o n S t e i n aus Clausthal unter dem 9. Dezember 1777 gerichteten Briefe befchreibt er diefen Vorgang wie folgt:

„Geftern, Liebfte, hat mir das Schickfal wieder ein

Abb. 21. Querfchnitt durch die Sturmheider Bergwerke bei Jlmenau.

I. Schacht „Haus Sachfen". II. Der Treppenfchacht. III. Schacht „Güte Gottes". IV. Schacht „Gottes Gabe". V. Schacht „Herzog Wilhelm Ernft". VI. Schacht „Gott hilft gewiß".

1. Der von der Jlm vorgetriebene Stollen. 2. Das „Kreuzort". 3. Das „Raffeort". 4. Der „Martinröber Stollen". 5. Das „Roteort". 6. Die „Schleppftrecke". 7. Schieferflöz.

großes Kompliment gemacht. Der Gefchworene ward einen Schritt vor mir von einem Stück Gebirg, das fich ablöfte, zu Boden gefchlagen. Da er ein robufter Mann war, fo ftemmte er fich, da es auf ihn fiel, daß es fich in mehrere Stücke auseinanderbrach und an ihm hinabrutfchte. Es überwältigte ihn aber doch, und ich glaubte, es würde ihm wenigstens die Füße sehr beschädigt haben. Es ging aber so hin. Ein Augenblick später, so stand ich an dem Fleck, denn es war eben vor einem Ort, den er mir zeigen wollte, und meine schwankende Person hätte es sogleich niedergedrückt und mit der völligen Last zerquetscht. Es war immer ein Stück von 5 bis 6 Zentnern. Also, daß Ihre Liebe bei mir bleibe und die Liebe der Götter."

Eine Reminiszenz an dieses unterirdische Fährniß dürften die Verse bilden, die Goethe im „Faust", zweiter Teil, dem Seismos in den Mund legt:

> Einmal noch mit Kraft geschoben,
> Mit den Schultern brav gehoben!
> So gelangen wir nach oben,
> Wo uns alles weichen muß.

Am 1. Juni 1781 überreichte Goethe dem Herzog ein umfangreiches Schriftstück „N a c h r i c h t v o n d e m I l m e n - a u i s c h e n B e r g w e s e n", in welchem die Vorgeschichte der Bergwerke, die Beschaffenheit des Gebirges und die überaus verwickelten staats- und bergrechtlichen Verhältnisse dargelegt sind. Streitigkeiten der Teilhaber, Unredlichkeit der Beamten und schwierige Wasserverhältnisse hatten den gedeihlichen Betrieb der Werke fast unmöglich gemacht; ein übriges tat dann der Dammbruch des Ródelsteiches. Die Bergwerkskommission, über deren außerdienstliches oft höchst ausgelassenes Treiben uns von Trebra einen von Eduard von der Hellen im 9. Bande des Goethe-Jahrbuches veröffentlichten anschaulichen Bericht hinterlassen hat, ließ es sich zunächst angelegen sein, die Gläubiger der alten Bergwerke abzufinden. Auch wurde der Chursächsische Markscheider S c h r e i b e r mit der Anfertigung einer Karte der Umgegend von Ilmenau beauftragt; von dieser vorzüglich ausgeführten Karte bildet unsere Karte, Abb. 20, einen Ausschnitt. Der Briefwechsel Goethes läßt erkennen, mit welcher Gründlichkeit und Sachkenntnis er vorging, um „den armen Maulwürfen Beschäftigung und Brot zu geben". Im Jahre 1783 lud die Bergwerkskommission das Publikum zum

Ankauf von Kuxen ein, deren Zahl auf 1000 zu je 20 Talern
festgesetzt war. Das Publikum brachte dem Unternehmen
ein derartiges Vertrauen entgegen, daß sämtliche Kuxe alsbald
untergebracht waren. Die Hoffnungen und Sorgen Goethes
kommen u. a. auch in dem aus dem Jahre 1783 stammenden
herrlichen Gedichte „Ilmenau" zum Ausdruck:

> Der Faden eilet von dem Rocken
> Des Webers raschem Stuhle zu,
> Und Seil und Kübel wird in längrer Ruh',
> Nicht am verbrochnen Schachte stocken.
> Es wird der Trug entdeckt, die Ordnung kehrt zurück,
> Es folgt Gedeihn und festes irb'sches Glück.

Am 24. Februar 1784 fand die feierliche Wiederaufnahme
des Bergbaues statt. Goethe hielt im Posthause zu Ilmenau
eine längere Rede. Hierbei soll er den Faden verloren und
eine Pause von 10 Minuten gemacht haben. Dies soll aber von
den Anwesenden, die sich im Banne der klaren Augen des
Redners befanden, keineswegs peinlich empfunden sein. Goethe
tat nach dem feierlichen Gottesdienst mit einer zierlichen Keilhaue
den ersten Schlag an der für den abzuteufenden Schacht bestimm=
ten Stelle. Bei der Anlage dieses Schachtes war man von
dem Vorschlage von Trebras insofern abgewichen, als nicht der
alte „Johannis=Schacht" wieder aufgemacht wurde, sondern
ein neuer Schacht, der „Neue Johannis", abgeteuft wurde,
37 Lachter näher an das Gebirge heran. Am 18. Oktober des=
selben Jahres konnte Goethe dem Herzog berichten, daß in
Ilmenau für wenig Geld in kurzer Zeit schon viel geleistet sei.
Er berichtet ferner: „in einigen Wochen werden sie auf dem
Nassenort durchschlägig und werden noch vor Ostern auf dem
Stollen sein. Wir haben die Haushaltung, das Personal, Ma=
terial usw. fleißig untersucht und durch eine scharfe Aufmerksam=
keit auf die geringsten Dinge den Unterbeamten hoffe ich, eine
gute Richtung gegeben. — — Der Geschworene ist ein fürtreff=
licher Subaltern und, solange er Vorschrift und Gesetz hat, un=
verbesserlich; wie das abgeht und er aus eigenem Sinne han=
deln soll, weiß er sich nicht zu helfen."

Die Eintreibung der Beiträge der Gewerken ging nicht immer in der gewünschten Weise vor sich. So sah sich Goethe am 28. Oktober 1784 genötigt, den Herzog, der zum Besuch seines Schwagers nach Darmstadt reiste, zu bitten, er möge diesen „auf 20 Louisdor exequieren, die er seine Kuxe zurücksteht." Goethe ließ sich durch derartige mancherlei Widerwärtigkeiten die Lust an dem Unternehmen nicht rauben und war andauernd über und unter Tage tätig. Am 9. Juni 1785 schreibt er an F. H. Jacobi[86]) aus Ilmenau:

„Hier bin ich auf und unter Bergen, suche das Göttliche in herbis et lapidibus."

Im September 1787 stellte sich plötzlich der alte Feind des Ilmenauer Bergbaues, das Wasser, ein. Im 118. Lachter wurde eine Wasserader angeschlagen, die die Belegschaft zu schleuniger Flucht zwang. Erst im Dezember 1787 hatte man die Wassermassen bewältigt und konnte nunmehr den Schacht weiter abteufen. Aber ein erneuter Wasserandrang trat ein, und zwar so mächtig, daß man sich entschließen mußte, in den Schacht ein vollständiges Kunstgezeug mit Wasserrad einzubauen. Goethe berichtete am 1. Oktober 1788 dem Herzog über diese maschinelle Anlage: „Inzwischen scheint das Rad sehr gut gebaut und sieht mit seinen Krumzapfen und Kreuzen gar ernsthaft in der Finsternis aus. Die zwölf- und elfzölligen Sätze haben einen gewaltigen Schwall Wasser." Dieses eine Kunstzeug war aber nicht auf die Dauer imstande, das Wasser zu bewältigen, und so mußte denn am 17. September 1790 ein zweites Rad für den Antrieb weiterer Pumpen in Betrieb gesetzt werden. Trotz aller aufgewandten Kosten und Arbeit machte aber der Wasserandrang immer neue Maßnahmen erforderlich; hierbei gedenkt Goethe mit besonderer Anerkennung des aus Schneeberg berufenen Berggeschworenen Baldauf. Am 3. September 1792, dem Geburtstage des Herzogs, hatte man endlich das Schieferflöz erreicht. Die erste zutage geförderte Tonne des langgesuchten Minerals wurde unter Trompetenschall und Paukenschlag auf die Halde gestürzt.

Angesichts dieser gewaltigen technischen Schwierigkeiten erwuchsen der Bergwerkskommission große Sorgen gelegentlich der Abhaltung der Gewerkentage, denn hier mußte über den Stand der Arbeiten und über die Beschaffung der Geldmittel berichtet werden. Dies galt insbesondere von dem auf den 9. Dezember 1793 anberaumten Gewerkentage. Dank der Geschäftsgewandtheit Goethes und Voigts wurden aber die nötigen Summen bewilligt, und alles ging mit Wohlgefallen auseinander. Die Fortsetzung des Abteufens des Schachtes wurde trotz des ungünstigen Ergebnisses der Schmelzversuche beschlossen. Da machte ein in der Nacht vom 24. zum 25. Oktober 1796 erfolgender Wassereinbruch allen Arbeiten ein Ende, wobei durch die Geistesgegenwart des Kunstknechts E i c h e l die im Schachte arbeitenden zwölf Knappen vom Tode des Ertrinkens gerettet wurden. Goethe eilte sofort herbei, konnte aber nur bestätigen, daß das Werk in sich erstickt und begraben war. Vergeblich bemühte man sich noch zwei Jahre hindurch, an die Bruchstelle heranzukommen und Abhilfe zu schaffen; aber auch die letzten noch standhaft gebliebenen Teilhaber verloren den Mut, die eintretenden Kriegszeiten taten ein übriges, und das Bergwerk, das die Summe von 76 036 Reichstalern verschlungen hatte, blieb hinfort außer Betrieb.

Goethe hat sein bergbauliches Mißgeschick. nur schwer überwinden können. In einem am 25. September 1797 an seinen getreuen Mitarbeiter Voigt aus Stäfa in der Schweiz gerichteten Briefe heißt es: „Viel Glück zu allen Unternehmungen und Geduld mit dem Bergbau, als dem ungezogensten Kind in der Geschäftsfamilie.“ Kurz vorher, in einem aus Zürich vom 19. September 1797 datierten Briefe, sagt Goethe, daß ein Apfelbaum, mit Efeu umwunden, ihm Anlaß zu der Elegie „A m y n t a s“ gegeben habe. Dieses herrliche Gedicht enthält folgende mit dessen eigentlichem Gegenstande nur schwer in Zusammenhang zu bringende, offenbar unter dem Eindruck der Ilmenauer Wasserkatastrophe stehende Verse:

Aber ach! das Wasser entstürzt der Steile des Felsens
Rasch und die Welle des Bachs halten Gesänge nicht auf.

Und so spricht mir rings die Natur: Auch du bist, Amyntas,
Unter das strenge Gesetz ihrer Gewalten gebeugt.

Anklänge an die Ilmenauer bergbaulichen Sorgen finden
sich unter anderem auch in folgenden bei anderen Gelegenheiten
getanen Aussprüchen: „Meine übrigen Liebhabereien gehen
nebenher und ich erhalte sie immer durch eine und die andere
Zubuße, wie man gangbare Gruben nicht aufläffig werden läßt,
solange noch einige Hoffnung von künftigen Vorteilen erscheinen
will." An anderer Stelle sagt Goethe, er sei bestrebt, „die
verschiedenen Röhren seiner geistigen Existenz in gleiche Höhe
hinaufzupumpen."

Als am 27. September 1816 Goethes bergbaulicher, inzwischen zum Staatsminister aufgerückter Schicksalsgenoffe v o n
V o i g t sein fünfzigjähriges Dienstjubiläum feierte, widmete ihm jener folgenden, alte Erinnerungen auffrischenden
Glückwunsch:

Von Bergesluft, dem Äther gleich zu achten,
Umweht, auf Gipfelfels hochwaldiger Schlünde,
Im engsten Stollen, wie in tiefsten Schachten,
Ein Licht zu suchen, das den Geist entzünde,
War ein gemeinsam köstliches Betrachten,
Ob nicht Natur zuletzt sich doch ergründe.
Und manches Jahr des stillsten Erdelebens
Ward so zum Zeugen edelsten Bestrebens.

Im Garten auch, wo Dichterblumen sprossen,
Den äußern Sinn, den innern Sinn erquicken,
Gefahrlos nicht vor luftigen Geschossen,
Wie sie Eroten hin und wieder schicken,
Da haben wir der Stunden viel genossen
An frisch belebter Vorwelt heitern Blicken,
Gesellend uns den ewig teuren Geistern,
Den stets beredten, unerreichten Meistern.

Dahin bewegten wir von dornigen Pfaden
Verworr'nen Lebens gern die müden Schritte,
Dort fanden sich, zu gleicher Luft geladen,
Der Männer Tiefsinn, Frauengeist und -sitte,

Und Wissenschaft und Kunst und alle Gnaden
Des Musengottes, reich, in unsrer Mitte;
Bis endlich, längst umwölkt, der Himmel wettert,
Das Paradies und seinen Hain zerschmettert.

Nun aber Friede tröstend wiederkehret,
Kehrt unser Sinn sich treulich nach dem Alten,
Zu bauen auf, was Kampf und Zug zerstöret,
Zu sichern, wie's ein guter Geist erhalten. —
Verwirrend ist's, wenn man die Menge höret;
Denn jeder will nach eignem Willen schalten;
Beharren wir zusamt in gleichem Sinne!
Das rechn' ich uns zum köstlichsten Gewinne.

In den „Weissagungen des Bakis" findet sich folgende
bergbauliche Reminiszenz:

Nicht Zukünftiges nur verkündet Bakis; auch jetzt noch
Still Verborgenes zeigt er als ein Kundiger an.
Wünschelruten sind hier: sie zeigen am Stamme nicht die Schätze;
Nur in der fühlenden Hand regt sich das magische Reis.

In das Hüttenwesen schlägt folgender von Goethe zu
Ilmenau unternommener Versuch. Nach Ansicht eines dort
weilenden französischen Emigranten namens von Wendel hatte
die Herzogliche Kammer einige Anteile an einem dort belege=
nen gesellschaftlichen Hammerwerk, und nach dessen Meinung
konnte dieses Werk durch eine Änderung seines Betriebes gün=
stiger gestaltet werden. Die Hammermeister arbeiteten nämlich
nach einem gewissen Turnus, jeder für sich, so gut er vermochte,
um das Werk dann nach kurzer Frist seinem Nachfolger, eben=
falls auf dessen eigene Rechnung, zu überlassen. Die Regierung
übertrug nun dem genannten von Wendel die herrschaftlichen
Anteile für ein mäßiges Pachtgeld. Von Wendel schlug alsdann
der Regierung vor, das ganze Hammerwerk zu erwerben.
Dies erschien der Regierung aber aus höheren Erwägungen
untunlich, „da sich die Existenz einiger ruhiger Familien auf
dieses Geschäft gründete". Nun schlug von Wendel den Bau
eines Reverberierofens vor, um altes Eisen zu schmelzen und
eine Gießerei zu gründen. Man versprach sich große Wirkung,
wie Goethe berichtete, von der aufwärts konzentrierten Glut;

aber sie war über alle Erwartung groß, das Ofengewölbe schmolz zusammen, wenn das Eisen in Fluß kam.

In engster Verbindung zu Goethes bergbaulicher Tätigkeit stehen dessen Arbeiten auf dem Gebiete des Salinenwesens. Nachdem in Ilmenau ein Versuch, Mineralquellen zu erschließen, erfolglos geblieben war, konnten die auf Nutzbarmachung der Schwefelquellen von Berka gerichteten Bemühungen sich eines vollen Erfolges erfreuen, der bis auf den heutigen Tag angehalten hat. Hier erstattete Goethe auf Grund eines von dem Jenenser Professor der Chemie Döbereiner und dem Professor der Medizin Kieser abgegebenen Gutachtens einen überaus eingehenden Bericht „Kurze Darstellung einer möglichen Badeanstalt zu Berka a. d. Ilm." Aufrichtige Bewunderung verdient hier die weitgehende Voraussicht Goethes und dessen sachkundiges liebevolles Eingehen auf die scheinbar nebensächlichsten Dinge. Am Schluß des Berichtes behielt Goethe sich ein Plätzchen vor, von wo aus sich in dem Schatten alter Fichten die neuaufblühende Anstalt bequem übersehen ließ.

Außer dem bereits genannten Oberberghauptmann von Trebra konnten sich auch andere Bergbeamten der Freundschaft Goethes rühmen, so der Bergrat Lenz. Zu dessen fünfzigjährigem Dienstjubiläum wurde diesem am 25. Oktober 1822 ein Tafelaufsatz überreicht, der die Gestalt einer Basaltinsel mit einem Vulkan hatte, dessen Krater mit hundert Golddukaten und der goldenen Verdienstmedaille gefüllt war. Goethe widmete dem Jubilar hierbei das nachstehende Gedicht, welches durch die Anspielungen interessant ist, die es auf die zwischen Goethe und Lenz bestehenden Gegensätze auf geologischem Gebiete enthält.

> Erlauchter Gegner aller Vulkanität!
> Entsetze Dich nicht, wenn dieser Solennität
> Sich wilde Feuerberg und Laven
> Gewaltsam eingedrungen haben.
> Ein Fürst, der, immer von gutem Blut,
> Auch andern gern anmutig tut,

Bestellt' es, Dich von falschen Lehren,
Wofern es möglich, zu bekehren,
Neptunus aber bleibt beiseit',
Ergötz' er sich im Meere weit;
Dort mag er unumschränkt gebieten.
Du laß uns glühen, sprühen, wüten;
Es deutet auf gelinde Lehren,
Zum Plutus und Pluto Dich zu bekehren;
Und überdies den schönsten Sold:
Gold — aber diesmal mehr als Gold.

Als der Salinendirektor Glenk in Stotternheim mit Erfolg
Bohrversuche auf Steinsalz ausgeführt hatte, begrüßte Goethe
dieses am 30. Januar 1828 mit einem herrlichen Dialog zwischen
einem Gnom, der Geognosie und der Technik.

Nachdem der Gnom und die Geognosie gesprochen
und letztere mit folgenden Versen geendet hat:

Bezeichnet nun den weitgevierten Schacht
Und wagt euch kühn zum Abgrund tiefster Nacht!
Vertraut mir, daß ich Schatz zu Schätzen häufe;
Nun frisch ans Werk und mutig in die Teufe!

läßt Goethe die Technik wie folgt zu Worte kommen:

Nur nicht so rasch und unbedacht getan! —
Mit Hack' und Spaten kommt ihr kühnlich an;
Wie könnt ihr euch so wunderlich behaben,
Als wolltet ihr des Nachbarn Weinberg graben?
Doch wenn dein Blick in solche Tiefen drang,
So nutze schnell, was unsrer Kunst gelang!
Nicht meinem Witz ward solche Gunst beschert,
Zwei Götterschwestern haben mich belehrt:
Physik voran, die jedes Element
Verbinden lehrt, wie sie es erst getrennt;
Das Unwägbare hat für sie Gewicht,
Und aus dem Wasser lockt sie Flammenlicht,
Läßt Unbegreifliches dann sichtbar sein
Durch Zauberei im Sondern, im Verein.
Doch erst zur Tat erregt den tiefsten Sinn
Geometrie, die Allbeherrscherin:
Sie schaut das All durch ein Gesetz belebt,
Sie mißt den Raum und was im Raume schwebt;
Sie regelt streng die Kreise der Natur,
Hiernach die Pulse deiner Taschenuhr;

Sie öffnet geistig grenzenlosen Kreis
Der Menschenhände kümmerlichstem Fleiß.
Uns gab sie erst den Hebel in die Hand,
Dann ward es Rad und Schraube dem Verstand;
Ein leiser Hauch genügt der steten Regung,
Aus Füll' und Leere bildet sie Bewegung,
Bis mannigfaltigst endlich unbezirkt
Nun Kraft zu Kräften überschwenglich wirkt.
Von Höh' und Breite sprach ich schon zu viel,
Einfachstes Werkzeug gnüge Dir zum Ziel!
Den Eisenstab ergreife, der gekrönt
Mit Fall nach Fall den harten Stein verhöhnt,
Und so mit Fleiß, Genauigkeit und Glück
Erbohre dir ein reichliches Geschick! —

Einen Tag zuvor übersandte Goethe das Gedicht an Zelter[87]) mit folgenden Worten: „Die Kenntnis der Gebirgslagen, zu der man sich nach und nach erhob, die Kunstgriffe der Mechanik, die auch immer gescheidter und pfiffiger werden, erreichen das Wundersame in diesen liberalen Tagen, daß man das Salz so wie die Luft allgemein genießbar machen will, da es den guten Menschen fast ebenso unentbehrlich ist."

Treffend rühmt der Kanzler Friedrich von Müller von diesem Gedicht, daß es, indem es den Sieg der Wissenschaft und Technik über die feindseligen unterirdischen Kobolde und Gnomen darstellt, selbst wieder zum Triumph des Dichters über die sprödesten und ungefügigsten Stoffe wird.

Die Vorarbeiten zum „Westöstlichen Divan" machten Goethe mit der Beschreibung einer Reise des Chevaliers Chardin durch Persien bekannt. Hier erregte folgende auf die Fabrikation und Härtung des Stahls bezügliche Stelle im dritten Bande, Seite 29, das Interesse Goethes:

Les Mines d'Acier se trouvent dans les mêmes Pais et y produisent beaucoup; car l'Acier n'y vaut que sept sols la livre. Cet Acier là est si plein de Souphre, qu'en jettant la limaille sur le feu, elle petille comme de la poudre à canon. Il est fin, ayant le grein fort menu et délié; qualité, qui naturellement et sans artifice le rend dur comme le Diamant.

Mais d'autre côté, il est cassant comme le verre; et comme les artisans Persans ne lui favent pas bien donner la trempe, il n'y a pas moyeu d'en faire des ressorts ni des ouvrages déliés et délicats. Il prend pourtant une forte bonne trempe dans l'eau froide, ce qu'on fait en l'envelopant d'un linge mouillé, au lieu de le jetter dans une auge d'eau après qu'on le fait chauffer, sans le rougir tout à fait. Cet Acier ne se peut point non plus allier avec le Fer, et si l'on lui donne le feu trop chaud, il se brûle et devient comme de l'écume de charbon. On le mêle avec l'Acier des Indes, qui est plus douce, quoiqu'il soit aussi fort plein de Souphre et qui est beaucoup plus estimé. Les Persans l'appellent l'une et l'autre sorte d'Acier P o u l a d j a u h e r d e r , Acier ondé, qui est ce que nous disons A c i e r d e D a m a s , pour le distinguer d'avec l'Acier d'Europe. C'est de cet Acier-là qu'ils font leurs belles lames damasquinées. Ils le fondent en pain rond, comme les creux de la main et en petits bâtons quarrés.

Goethe richtete dieferhalb an Döbereiner folgendes Schreiben:

Weimar, den 29. April 1815.

Als ich die Stelle las, welche auf dem folgenden Blatte ausgeschrieben ist, mußte ich mich der interessanten Bemerkung erinnern, welche mir Ew. Hochwohlgeboren vor einiger Zeit mitteilten, daß es eigentlich die B e i m i s c h u n g d e s B r a u n s t e i n s s e i , w e l c h e d e m E i s e n d i e E i g e n s c h a f t v e r l e i h e , S t a h l z u w e r d e n . Daher also mag es kommen, daß die Siegenischen und die Dillenburgischen Eisensteine bequem vortrefflichen Stahl liefern, weil sie innig mit Braunstein gemischt sind, der sich also schon beim Ausschmelzen mit dem Eisen verbindet. Dieselbe Bewandtnis mag es mit dem indischen haben, wahrscheinlich in einem höheren Grade. Ich freue mich auf die Ausführung derjenigen Gedanken, welche Sie mir im allgemeinen mitteilen . . . . . .

Das beste wünschend

ergebenst

Goethe.

Am 11. Juli desselben Jahres richtete Goethe von Wies-
baden aus, wo er mit rheinischen Industriellen in Berührung
gekommen war, an Döbereiner folgenden Brief:

Ew. Wohlgeboren

haben mir unterm 1. Mai gemeldet, daß Sie die Absicht hätten, Versuche über die Stahlbildung
anzustellen, indem Sie Manganoxyd und gepul-
vertes Glas auf Eisen wirken zu lassen ge-
dächten. Hiervon habe ich im allgemeinen mit einem Freunde
gesprochen, welcher mit den Stahlfabriken im Bergischen
und in der Grafschaft Mark in Verbindung steht. Er zweifelt
nicht, daß man dort wünschen werde, von dem zu beobachten-
den Verfahren unterrichtet zu werden, und daß man solche
Mitteilung zu honorieren geneigt sei. Vorläufig ersuche
daher Ew. Wohlgeboren Ihre Versuche geheim zu halten,
fortzusetzen und soweit als möglich zu treiben, auch mir
baldigst, wie weit Sie gekommen, vertraulich anzuzeigen.
Indessen erfahre ich, wie man am Niederrhein hierüber
denkt und kann, in der Mitte noch einige Zeit verharrend,
ein beiden Teilen nutzbares Verhältnis einleiten. Überhaupt
bin ich hier, im Kreise unglaublicher Merkantili-
tät und technischen Bestrebens, aufmerksam
geworden, wie hoch man zu schätzen weiß, was auf chemische und mechanische Weise fördert. Ich werde Sie
ersuchen, künftig jeden neuen Fund zu sekretieren, mir ihn
anzudeuten, damit man den Versuch mache, ihn zu fremdem
und eigenem Nutzen anzuwenden. Sie sehen, daß auch
mich der Kaufmannsgeist anweht. Es sollte mich sehr freuen,
zwischen Ihnen und den hiesigen tätigen Freunden eine
Verbindung zu knüpfen. Baldiger Antwort entgegensehend
mit den besten Wünschen ergebenst

Goethe.

Die Arbeiten Döbereiners scheinen sich stark verzögert zu
haben. Fast zwei Jahre später, am 22. März 1817, schreibt
Goethe an jenen: „Da ich doch einige Ungeduld spüre, die Ver-

suche des Stahlanlaufens zu sehen, so wünschte, daß Ew. Wohlgeboren morgen ein Stündchen dazu ansetzen. Nach Ihrer
Frühstunde könnten wir das Nähere besprechen." Welchen praktischen Erfolg dieser Briefwechsel gehabt hat, entzieht sich leider
der Beurteilung.

Echt Goethesch ist das Loblied, welches in dem Fest-
spiel „Pandora" Prometheus in Gemeinschaft mit den Schmie-
den dem F e u e r , dem wichtigsten Hilfsmittel der Technik,
widmet.

P r o m e t h e u s , eine Fackel in der Hand haltend, ruft
die Schmiede mit folgenden Worten herbei:

> Der Fackel Flamme, morgenblich dem Stern voran
> In Vaterhänden aufgeschwungen, kündest du
> Tag vor dem Tage! Göttlich werde du verehrt!
> Denn aller Fleiß, der männlich schätzenswerteste,
> Ist morgenblich; nur er gewährt dem ganzem Tag
> Nahrung, Behagen, müder Stunden Vollgenuß.
> Deswegen ich der Abendasche heil'gen Schatz,
> Entblößend früh, zu neuem Gluttrieb aufgefacht,
> Vorleuchtend meinem wackern arbeitstreuen Volk.
> So ruf ich laut euch, Erzgewältger, nun hervor.
> E r h e b t d i e s t a r k e n A r m e l e i c h t , d a ß
>   t a k t b e w e g t
> Ein kräft'ger H ä m m e r c h o r t a n z , l a u t
>   e r s c h a l l e n d , r a s c h
> Uns das G e s c h m o l z n e v i e l f a c h s t r e c k e
>   zum G e b r a u c h .

(Mehrere Höhlen eröffnen sich, mehrere Feuer fangen an zu brennen.)

> S c h m i e d e : Zündet das Feuer an!
>   Feuer ist oben an.
>   Höchstes, er hat's getan,
>   Der es geraubt.
>   W e r e s e n t z ü n d e t e ,
>   S i c h e s v e r b ü n d e t e ,
>   S c h m i e d e t e , r ü n d e t e
>   K r o n e n d e m H a u p t .
>   Wasser, es fließe nur!
>   Fließet es von Natur
>   Felsenab durch die Flur,
>   Zieht es auf seine Spur
>   Menschen und Vieh.

Fische, sie wimmeln da,
Vögel, sie himmeln da;
Ihr' ist die Flut,
Die unbeständige,
Stürmisch lebendige;
Daß der Verständige
Manchmal sie bändige,
Finden wir gut.
Erde, sie steht so fest!
Wie sie sich quälen läßt!
Wie man sie scharrt und plackt!
Wie man sie ritzt und hackt!
Da soll's heraus.
Furchen und Striemen ziehn
Ihr auf den Rücken hin,
Knechte mit Schweißbemühn;
Und wo nicht Blumen blühn,
Schilt man sie aus.
Ströme du, Luft und Licht,
Weg mir vom Angesicht!
Schürst du das Feuer nicht,
Bist du nichts wert.
Strömst du zum Herd herein,
Sollst du willkommen sein,
Wie sich's gehört.
Dring nur herein ins Haus;
Willst du hernach hinaus,
Bist du verzehrt.
Rasch nur zum Werk getan!
Feuer, nun flammt's heran,
Feuer schlägt oben an;
Sieht's doch der Vater an,
Der es geraubt.
Der es entzündete,
Sich es verbündete,
Schmiedete, ründete
Kronen dem Haupt.

Prometheus:
Des tät'gen Mann's Behagen sei Parteilichkeit!
Drum freut es mich, daß andrer Elemente Wert
Verkennend, ihr das Feuer über alles preist.
Die ihr, hereinwärts auf den Ambos blickend, wirkt
Und hartes Erz nach eurem Sinne zwingend formt,

Euch rettet' ich, als mein verlorenes Geschlecht
Bewegtem Rauchgebilde nach mit trunknem Blick,
Mit offnem Arm, sich stürzte, zu erreichen das,
Was unerreichbar ist und, wär's erreichbar auch,
Nicht nutzt, noch frommt; ihr aber seid die Nützenden.
Wildstarre Felsen widerstehn euch keineswegs;
Dort stürzt vor euren Hebeln Erzgebirg herab,
Geschmolzen fließt's, zum Werkzeug umgebildet nun,
Zur Doppelfaust; verhundertfältigt ist die Kraft.
Geschwungne Hämmer dichten, Zange fasset klug;
So eigne Kraft und Bruderkräfte mehret ihr,
Werktätig, weisekräftig, ins Unendliche.
Was Macht entworfen, Feinheit ausgesonnen, sei's
Durch euer Wirken über sich hinausgeführt.
Drum bleibt am Tagwerk vollbewußt und freigemut.

Eine überaus erfolgreiche Tätigkeit hat Goethe auf dem Gebiete des Wasserbaues entfaltet. Hier waren es besonders die schwierigen Hochwasserverhältnisse der Saale bei Jena, die die schwersten Katastrophen herbeiführten und dringend Abhilfe erheischten. Im Frühjahr 1784 trat in Jena ein derartiges Hochwasser ein, daß die Fluten im Hofe des dortigen Schlosses 6 bis 8 Ellen hoch standen. Rühmend hob der Herzog Merck gegenüber Goethes Verhalten und dessen getroffene Maßnahmen hervor. Durch keine Wassernot, so berichten Schreiber und Färber in „Jena von seinem Ursprunge bis zur neuesten Zeit" (Jena 1858), ist Jena so bedroht gewesen, wie durch diese, bei welcher die alte Prophezeiung, „daß Jena nicht durch Feuer, sondern durch Wasser seinen Untergang finden würde," sich erfüllen zu wollen schien. Auch Karl August geriet in große Gefahr, als er sich durch den Fischer Münster auf dem Steinweg übersetzen ließ, um dort Lebensmittel unter die durch die Hochflut und die Eisschollen der Saale Bedrängten zu verteilen. Erst am 28. Oktober konnte Goethe dem Herzog endlich melden, daß in Jena alles in Ordnung sei. Die Ufer der sogenannten Mühllache ließ man durch Flechtwerk befestigen, eine Arbeit, die die Besitzer der anliegenden Länderei ausführen mußten, wobei ihnen Goethe die erforderlichen Pfähle zur Verfügung stellte.

Um eine Wiederholung derartiger Überschwemmungen endgültig zu verhindern, entschloß man sich später zu einem Radikalmittel. Man legte den alten Arm der Saale oberhalb der Rasenmühle, der, wie Goethe sich ausdrückt, durch mehrere Krümmungen die schönsten Wiesen des rechten Ufers in Kiesbette des linken verwandelt hatte, in gerade Linie.

Hierüber berichtet Goethe dem Herzog am 5. November 1789: „In Jena war ich gestern und genoß den herrlichen Tag im Saaletal, das sehr schön war. Das Stück Wiese ist akquiriert, die Bäume sind gefällt, und der neue Durchstich angegeben. Ich habe nun das ganze Werk dreimal angesehen, bei großem, mittel und kleinem Wasser, und bin überzeugt, daß der Endzweck erreicht ist. Nur muß man jetzt noch einige Jahre mit Aufmerksamkeit zusehen, was der Strom tun will. Wenig Aufwand wird es erfordern."

Von den Anliegern wurde ein gewisser Beitrag zur Bestreitung der Regulierungsarbeiten erhoben, der aber von einigen Anliegern verweigert wurde. Als nun erhebliche Kiesflächen in Wiesen verwandelt waren, herrschte große Freude unter denjenigen Anliegern, welche die Beiträge gezahlt hatten, denn ihnen wurden jetzt die der Saale abgerungenen Flächen überwiesen. Nun meldeten sich aber auch diejenigen Anlieger, welche sich geweigert hatten, zu zahlen. „Unzufriedene", so berichtet Goethe in den „Tag= und Jahresheften" von 1795, „machte man jedoch auch bei dieser Gelegenheit: denn auch solche Anlieger, die in Unglauben auf den Erfolg des Geschäftes die früheren geringen Beiträge verweigert hatten, verlangten ihren Teil an dem eroberten Boden, wo nicht als Recht, doch als Gunst, die aber hier nicht statthaben konnte, indem herrschaftliche Kasse für ein bedeutendes Opfer einige Entschädigung an dem errungenen Boden zu fordern hatte". Abb. 22 gibt eine einige Jahre nach Goethes Tod gezeichnete Ansicht der Saale bei Jena oberhalb der Kamsdorfer Brücke wieder.

Nicht minder erfolgreich war Goethes Tätigkeit auf dem Gebiete des M e l i o r a t i o n s w e s e n s, des Wiesenbaues.

Auf Empfehlung Mercks war aus England der Wiesenbauer
B a t h nach Weimar berufen. Die von diesem auf den Gütern
des Herzogs in Franken ausgeführten Arbeiten erregten die
Bewunderung der benachbarten Grundbesitzer in so hohem
Maße, daß sie nachts die gezogenen Gräben ausmaßen und sich
auf diese Weise die von Bath getroffenen Maßnahmen an-
zueignen suchten.

Abb. 22. Die Saale bei Jena.

Goethes erfolgreiche Tätigkeit als Wasserbauer, der der
Saale unfruchtbare Landstrecken abgewann, spiegelt sich mit
vollendeter Klarheit im zweiten Teil des „Faust“ wieder. Goethe
hat seine Gedichte seine Beichte genannt. „Das Gedicht vom
Faust“, so bemerkt K u n o F i s c h e r treffend, „ist seine voll-
ständigste Beichte, sein Lebensgedicht in einem Umfange, wie
kein anderes“. In der Person des Faust haben wir das Eigen-
bildnis des Dichters vor uns. Die Ober- und Unterwelt, die
Höhen und die Tiefen des Lebens, die Liebe Gretchens, Reichtum
und Macht, nichts vermag dem Helden der Tragödie den er-
sehnten köstlichen Augenblick zu gewähren. Endlich erscheint
ihm dieser Augenblick in dem Bestreben, einen die Umgegend

verpestenden Sumpf urbar zu machen, weite Strecken dem
Meere abzuringen und hier blühende Ansiedlungen zu schaffen.
Offenbar in Anlehnung an die hohe innere Befriedigung, die
ihm aus seiner den Elementen fruchtbare Ländereien abringenden
Tätigkeit erwuchs, läßt Goethe sein Abbild Faust sterbend
ausrufen:

> Ein Sumpf zieht am Gebirge hin,
> Verpestet alles schon Errungne;
> Den faulen Pfuhl auch abzuziehn,
> Das Letzte wär' das Höchsterrungne.
> Eröffn' ich Räume vielen Millionen,
> Nicht sicher zwar, doch tätig frei zu wohnen.
> Grün das Gefilde, fruchtbar; Mensch und Herde
> Sogleich behaglich auf der neusten Erde,
> Gleich angesiedelt an des Hügels Kraft,
> Den aufgewälzt kühn-emsige Völkerschaft.
> Im Innern hier ein paradiesisch Land,
> Da rase draußen Flut bis auf zum Rand,
> Und wie sie nascht, gewaltsam einzuschließen,
> Gemeindrang eilt, die Lücke zu verschließen.
> Ja! diesem Sinne bin ich ganz ergeben,
> Das ist der Weisheit letzter Schluß:
> Nur der verdient sich Freiheit wie das Leben,
> Der täglich sie erobern muß.
> Und so verbringt, umrungen von Gefahr,
> Hier Kindheit, Mann und Greis sein tüchtig Jahr.
> Solch ein Gewimmel möcht' ich sehn,
> Auf freiem Grund mit freiem Volke stehn.
> Zum Augenblicke dürft' ich sagen:
> Verweile doch, du bist so schön!
> Es kann die Spur von meinen Erdentagen
> Nicht in Äonen untergehn. —
> Im Vorgefühl von solchem hohen Glück
> Genieß' ich jetzt den höchsten Augenblick.

Der Bau guter Chausseen bildete den Gegenstand
besonderer Sorge Karl Augusts und Goethes. Letzterer ver-
fehlte auf seinen Reisen nie, diesbezügliche Beobachtungen
niederzuschreiben. Im Jahre 1790 fällt ihm in der Nähe von
Donauwörth der schlechte Zustand der Chausseen auf. Er
erklärt dies damit, daß der Kies zu sehr mit Erde vermengt ist.

Den württembergischen Chausseen spendete er reiches Lob. Im Jahre 1797 fällt ihm bei Tuttlingen eine gute und wohlfeile Art eines Geländers auf: „In starke Hölzer waren viereckig-längliche Löcher eingeschnitten und lange dünne Stäbe getrennt durchgeschoben. Wo sich zwei mit den oberen und unteren Enden berührten, waren sie verteilt." Am 6. Juli 1805 schreibt der Herzog an Goethe: „Wir lassen Chausseen auf allen Ecken machen und bezahlen die Arbeiter mit Korn, und dieses Mittel scheint gut anzuschlagen." Letztere Art der Entlohnung hatte den Zweck, dem infolge von Teuerung auftretenden Kornwucher, der in anderen Gegenden zu Krawallen geführt hatte, zu steuern.

Einen besonders energischen Aufschwung nahm der Wegebau, nachdem im Jahre 1815 der Oberbaudirektor Coudray[88]), der hinfort zu Goethes intimsten Vertrauten zählte, nach Weimar berufen war. Hier ist besonders der Bau der Chaussee von Weimar nach Jena zu nennen. Karl August schrieb im März 1822 an Goethe, daß er dort die sogenannte Schnecke besehen habe, und daß ein neuer Ausweg gefunden sei, um leidlich hinaufzukommen. Als einst zwischen Goethe, Coudray und Eckermann die Steigungsverhältnisse der Chausseen zur Sprache kamen, machte Goethe den Vorschlag, in flachen Gegenden die Landstraßen nicht horizontal zu führen, sondern künstlich hier und dort ein wenig steigen und fallen zu lassen, damit das Regenwasser besser abfließen könne, ein Vorschlag, der Coudrays Beifall fand. Zu Goethes tatkräftigen Mitarbeitern im Wegebau gehörte auch der Artilleriehauptmann von Castrop. Noch wenige Tage, bevor er von der Todeskrankheit befallen wurde, ließ sich Goethe die Zeichnungen der im Bau befindlichen Straße Weimar—Blankenhain—Rudolstadt vorlegen und sprach die Absicht aus, demnächst den schwierigsten Teil derselben, einen dreihundert Fuß langen und sechsunddreißig Fuß hohen Damm, in Augenschein zu nehmen.

Auch dem Brückenbau wendete Goethe sein volles Interesse zu; die bei der Invalidenbrücke zu Paris gemachten üblen Erfahrungen bildeten im Jahre 1826 den Gegenstand der Korrespondenz zwischen ihm und Karl August. Als in dem-

selben Jahre seine Schwiegertochter einen schweren Unfall
erlitt, kam sein brückenbautechnisches Interesse in folgendem
eigenartigen Ausruf zur Erscheinung: „Man ist ja nicht von
Draht wie die Hängebrücken, und auch diese brechen ja, und
so mußte mich solch Mißgeschick höchlich perturbieren, zumal ich
sehr krank war."

Schon bei der Schilderung des Straßburger Aufenthalts
haben wir Goethes weitgehendes bautechnisches Verständnis
hervorgehoben. Dasselbe konnte sich in Weimar zu höchster
Blüte entfalten, wobei es Goethe nicht bei einer allgemeinen
Leitung der zahlreichen Bauten bewenden ließ. Mit größter
Gründlichkeit drang er auch hier in die kleinsten Einzelheiten
ein. Unempfindlich gegen Schwindel überwachte er die Bau=
arbeiter an ihren Arbeitsstellen und empfand es mit besonderer
Genugtuung, wenn ihm für die Ausführung der Tätigkeit eines
Bauaufsehers Anerkennung zuteil wurde. Bevor wir auf
Goethes architektonische Leistungen im einzelnen eingehen,
wollen wir in Ergänzung dessen, was wir auf Seite 32 über
Goethes Verhältnis zur Gotik und zur Antike gesagt haben,
einige allgemeine Grundsätze hier wiedergeben, die der Olympier
sich über die Baukunst gebildet hat.

„Ein edler Philosoph," so läßt er sich aus, „sprach von der
Baukunst als einer erstarrten Musik und mußte dagegen
manches Kopfschütteln gewahr werden. Wir glauben, diesen
schönen Gedanken nicht besser nochmals einzuführen, als wenn
wir die Architektur eine versteinerte Tonkunst nennen.
Man denke sich den Orpheus,[89]) der, als ihm ein großer wüster
Bauplatz angewiesen war, sich weislich an dem schicklichsten Ort
niedersetzte und durch die belebenden Töne seiner Leier den
geräumigen Marktplatz um sich her bildete. Die von kräftig
gebietenden, freundlich lockenden Tönen schnell ergriffenen, aus
ihrer massenhaften Ganzheit gerissenen Felssteine mußten, indem
sie sich enthusiastisch herbeibewegten, sich kunst= und handwerks=
gemäß gestalten, um sich sodann rhythmischen Schichten und
Wänden gebührend hinzuordnen. Und so mag sich Straße an
Straße anfügen! An wohlschützenden Mauern wird es auch

nicht fehlen. Die Töne verhallen, aber die Harmonie bleibt. Die Bürger einer solchen Stadt wandeln und weben zwischen ewigen Melodien, der Geist kann nicht sinken, die Tätigkeit nicht einschlafen, das Auge übernimmt Funktion, Gebühr und Pflicht des Ohres und die Bürger am gemeinsten Tage fühlen sich in einem idealen Zustand; ohne Reflexion, ohne nach dem Ursprung zu fragen, werden sie des höchsten sittlichen und religiösen Genusses teilhaftig. Man gewöhne sich in St. Peter auf und abzugehen und man wird ein Analogon desjenigen empfinden, was wir auszusprechen gewagt. Dagegen in einer schlecht gebauten Stadt, wo der Zufall mit leidigem Besen die Häuser zusammenkehrt, lebt der Bürger unbewußt in der Wüste eines düsteren Zustandes; dem fremden Eintretenden jedoch ist es zu Mute, als wenn er Dudelsack, Pfeifen und Schellentrommeln hörte und sich bereiten müßte, Bärentänzen und Affensprüngen beizuwohnen."

In ähnlichem Sinne klingt es uns aus „Hermann und Dorothea" entgegen:

> Denn was wäre das Haus, was wäre die Stadt, wenn nicht immer
> Jeder gedächte mit Lust, zu erhalten und zu erneuen
> Und zu verbessern auch, wie die Zeit uns lehrt und das Ausland!

> Sieht man am Hause doch gleich so deutlich, wes Sinnes der Herr sei,
> Wie man, das Städtchen betretend, die Obrigkeiten beurteilt;
> Denn wo die Türme verfallen und die Mauern, wo in den Gräben
> Unrat sich häufet und Unrat auf allen Gassen herumliegt,
> Wo der Stein aus der Fuge sich rückt und nicht wieder gesetzt wird,
> Wo der Balken verfault, und das Haus vergeblich die neue
> Unterstützung erwartet: der Ort ist übel regieret.

In den „Tag= und Jahresheften" des Jahres 1803 läßt Goethe sich über die Wirkung aus, die ein Gebäude auf den Beschauer ausüben soll: „Ein Gebäude gehört unter die Dinge, welche nach erfüllten inneren Zwecken auch zur Befriedigung der Augen aufgestellt werden, so daß man, wenn es fertig ist, niemals fragt, wieviel Erfindungskraft, Anstrengung, Zeit und Geld dazu erforderlich gewesen: Die Totalwirkung bleibt immer das Dämonische, dem wir huldigen."

Über das Verhältnis der Holzarchitektur zu der Stein-
architektur äußert er sich, als er in Urwiesen bei Schaffhausen
in der Zimmerarbeit eine Nachahmung der Maurerarbeit
erblickt, wie folgt: „Was sollen wir zu dieser Erscheinung sagen,
da das Gegenteil der Grund aller Schönheit unserer Baukunst
ist." Sehr pessimistisch bezüglich der Dauer der Architekturwerke
klingt folgende im Jahre 1831 zu Eckermann getane Äußerung:
„Es gehört einiger Übermut dazu, Paläste zu bauen, man ist
nie sicher, wie lange ein Stein auf dem andern bleiben werde.
Wer in Zelten leben kann, steht sich am besten." Als einst die
Frage aufgeworfen wurde, wie die Alten bei ihren Riesen-
gebäuden die ungeheuren Steinmassen emporgebracht hätten,
sagte Goethe, er habe in Sizilien einen unvollendeten Tempel
gesehen, wo an den Quadersteinen noch die Henkel sichtbar
gewesen seien, um welche Seile geschlungen wurden, und die
man beim Aneinanderpressen abgeschlagen habe.[90]) Übrigens
habe man schneckenförmig hinauflaufende Gerüste gehabt, wie
sie in Merians Bilderbibel am Babylonischen Turm zu sehen
seien. Vom Jahre 1815 ab war der Oberbaudirektor Coudray
in allen architektonischen Fragen Goethes Berater. Dieser
rühmt wiederholt Coudrays Gründlichkeit, Gewandtheit und
Reichtum an Geist. „Er hat sich zu mir gehalten und ich mich
zu ihm, und es ist uns beiden zu Nutzen gewesen."

Die erste, wenn auch wenig umfangreiche Betätigung seines
baulichen Verständnisses widmete Goethe dem im Weimarer
Park belegenen sogenannten „Borkenhäuschen", Abb. 23, womit
er im Jahre 1778 seinen fürstlichen Freund überraschte. Um so
hervorragender war Goethes Tätigkeit bei dem Wiederaufbau
des im Jahre 1774 abgebrannten herzoglichen Residenzschlosses
zu Weimar. (Abb. 24.) Am 19. Februar 1789 berichtete er dem
Herzoge, der Kammerpräsident habe ihn eingeladen, am Schloßbau pro virili teilzunehmen; bescheiden fügte er hinzu: „Das
beste, was man für die Sache tun kann, ist für die Menschen
zu sorgen, die das, was geschehen soll, klug angeben und genau
ausführen. Wir verstehen's ja alle nicht und höchstens können
wir wählen." Goethe ist trotz dieser Rückhaltung die Seele des

Baues gewesen und schon am 1. Juli teilte er dem Herzoge mit, daß der Schloßbau ganz munter fortgehe. Bei der Anwerbung der Bauhandwerker übte Goethe eine gewisse soziale Fürsorge aus, indem er die Gehilfen, um ihnen die Vermittlungskosten zu ersparen, direkt ohne Mithilfe der Meister anwarb. Auf seiner im Jahre 1797 unternommenen Schweizerreise machte Goethe in Stuttgart bei Professor Thouret[91]) eingehende Studien über die Innendekoration der dortigen Schlösser. Thouret wurde

Abb. 23. Das Borkenhäuschen.

alsdann als Architekt nach Weimar berufen. Wie tief der fürstliche Bauherr in die Einzelheiten des Baues eindrang, lassen verschiedene Stellen aus dessen Briefwechsel mit Goethe erkennen.

Am 5. Juni 1789 schrieb Goethe an den Herzog:

„Mit der Messung des alten Schlosses geht es sehr vorwärts. Es scheint, der Baukontrolleur will zeigen, daß er auch genau sein kann. Wie ich seine Arbeit beurteile, ist sie sehr brav, und wir kommen auf diese Weise dem Zwecke um vieles näher. Der Plan der ersten Etage des kleinen Flügels und des Corps de Logis bis an den Rittersaal ist beinahe fertig. Nun gehts an die Profile, dann an die untere und obere Etage."

In einem Briefe des Herzogs an Goethe vom August 1800 heißt es:

„Ich habe mit Mayer[92]) beredet, daß die Pilaster in seiner Zeichnung jenes östlichen Schlafzimmers wegfallen und, das Blau schonend, mehr Weiß unter die Vergoldung gebracht werde."

Am 13. April 1801 macht der Herzog Goethe folgende Mitteilung:

„Der Vorrat an fertigen Türen und Fenstern häuft sich sehr. Um Platz zu gewinnen, um das Gehörige an Ort und Stelle beurteilen zu können und um besser überschlagen zu können, was fertig, was noch zu machen oder was zu ändern ist, schlage ich vor, diese Türen und Fenster so viel möglich an Ort und Stelle, wo sie hinbestimmt sind, ein= zuhängen. Ebenso möchte es sich auch mit Einlegung der fertigen Fußböden von gewöhnlicher Sorte verhalten."

Zu Eckermann äußerte Goethe, daß seine architektonischen Kenntnisse durch den Schloßbau sehr gefördert seien. Aus Italien habe er nur den Begriff vom Ernsten und Großen mitgebracht. Bei dem Schloßbau zeichnete Goethe zahlreiche Details: „ich tat es den Leuten vom Metier gewissermaßen zuvor, weil ich ihnen in der Intention überlegen war". Außer Thouret waren bei dem Schloßbau noch die Architekten Gentz, Arends und Raabe in hervorragendem Maße beteiligt. Im Jahre 1803 wurde das Schloß von der herzoglichen Familie bezogen. Ein schwungvolles Gedicht erschien zur Feier des Tages im „Wochenblatt", die Bürgerschaft brachte Ständchen, und für jede Klasse der Arbeiter wurde ein Ball veranstaltet. Die allgemeine Fröhlichkeit schlug so hohe Wogen, daß, als die herzogliche Familie die Küche besichtigte, eine alte Scheuer= frau dem Herzog einen Kuß gab.

Im Sommer 1798 baute Goethe in Gemeinschaft mit Thouret das das Hoftheater beherbergende Komödienhaus

Abb. 24. Das Residenzschloß zu Weimar.
Verlag der neuen photographischen Gesellschaft A.-G., Steglitz-Berlin.

um (Abb. 25). Dasselbe erhielt einen neuen Theatersaal, den Goethe folgendermaßen schildert:

„Die Anlage ist geschmackvoll, ernsthaft ohne schwer, prächtig, ohne überladen zu sein. Auf elliptisch gestellten Pfeilern, die das Parterre einschließen und wie Granit gemalt sind, sieht man einen Säulenkreis von dorischer Ordnung, vor und unter welchem die Sitze für die Zuschauer hinter einer bronzierten Balustrade bestimmt sind. Die Säulen selbst stellen einen antiken gelben Marmor vor, die Kapitäle sind bronziert, das Gesims von einer Art graugrünen Cipollin, über welchem lotrecht auf den Säulen verschiedene Masken aufgestellt sind, welche von der tragischen Würde an bis zur komischen Verzerrung nach alten Mustern mannigfaltige Charaktere zeigen. Hinter und über dem Gesims ist noch eine Galerie angebracht."

Die Bühne konnte durch Öffnen der hölzernen Rückwand in das Freie hinaus erweitert werden, um besondere szenische Wirkungen und Beleuchtungseffekte zu erzielen. Am 12. Oktober 1798 erfolgte die Eröffnung des umgebauten Hauses mit der Erstaufführung von „Wallensteins Lager".

In der Nacht vom 21. auf den 22. März 1825 wurde das Komödienhaus ein Raub der Flammen. Goethe hatte zufälligerweise gemeinsam mit Coudray schon ein Projekt für den Neubau eines für Weimar passenden Theaters durchgearbeitet, worüber er sich folgendermaßen ausgelassen hat:

„In dem alten Hause war für den Adel gesorgt durch den Balkon, und für die dienende Klasse und jungen Handwerker durch die Galerie. Die große Zahl des wohlhabenden und vornehmen Mittelstandes aber war oft übel daran; denn wenn bei gewissen Stücken das Parterre durch die Studenten eingenommen war, so wußten jene nicht wohin. Die paar kleinen Logen hinter dem Parterre und die wenigen Bänke des Parketts waren nicht hinreichend. Jetzt haben wir besser gesorgt. Wir lassen eine ganze Reihe Logen um das Parterre laufen und bringen zwischen Balkon und Galerie noch eine Reihe Logen zweiten Ranges. Dadurch gewinnen wir sehr viel Platz, ohne das Haus sonderlich zu vergrößern."

Gegen diesen Entwurf Goethes und Coudrays machte sich eine starke Gegenströmung geltend, die bewirkte, daß er vom Großherzog abgelehnt wurde. Der Wiedereröffnung des Hoftheaters, die schon am 3. September 1825 erfolgte, blieb Goethe zürnend fern.

Professor Max Littmann, der Erbauer des jetzigen Großherzoglichen Hoftheaters in Weimar hat in seiner gelegentlich

Abb. 25. Das Komödienhaus zu Weimar.

dessen Eröffnung herausgegebenen Denkschrift die Forderungen veröffentlicht, welche Goethe in Gemeinschaft mit Coudray bezüglich der Feuersicherheit der Theater aufgestellt hat. Dieselben lauten:

Lage.

Platz des Theaters in dem bewohnten Teil der Stadt jedoch von allen Seiten frei und gehörig entfernt von andern Gebäuden. Zugängliche und bequeme Straße für An- und Abfahrt, ohne Gefahr für die Fußgänger.

Feuerſicherheit.

Nicht alles unter einem Dach, Treppen, Garderoben und andere Depots in beſonderen Räumen, deren Zuſammenhang mit der Bühne abgeſchnitten werden kann, ſo daß beim Brand derſelben Rettung der Depots möglich iſt.

Einfache und vorſichtige Anlage der Feuerungen.

Bequeme Treppen, und zwar beſondere für jeden Rang, Sitze mit mehreren Ausgängen, ſo daß ſich das Haus ohne Gedränge in wenigen Minuten leeren kann.

Lüſter im Saal nicht am leinenen Strick, ſondern an einer metallenen Kette.

In oder beim Erdgeſchoß Waſſerreſervoir oder Kanal mit Druckwerk.

Bauart.

Einfach, aber feſt. Die äußere Form das Reſultat der inneren zweckgemäßen Einrichtung und ſo die Beſtimmung des Gebäudes ausſprechend. Erinnerung an die Theater der Alten.

Innere Einrichtung.

Zum Schauen bequem. Zu dem Ende Fortſetzung der ſchrägen Kuliſſenlinien pp. bis zur Hälfte der Tiefe in den Saal, dann Verbindung derſelben durch einen Halbkreis, ſo daß die herrſchaftliche Loge in nicht allzu große Entfernung von der Bühne kommt.

Vermeidung ſtarker Säulen zur Unterſtützung der Logen, überhaupt bequeme Einrichtung derſelben.

Die Logen und Galerie nicht ſtark hintereinander zurücktretend, damit der Saal oben nicht viel weiter werde, welches der Akuſtik nachteilig iſt.

Bühne.

Ganz frei, gehörig breit und hoch, auch über und unter derſelben hinlängliche Höhe für Maſchinerien uſw.

Ankleidezimmer in bequemer Verbindung mit der Bühne, auch Raum für Statiſten uſw.

Herrſchaftliche Loge.

Zu derſelben beſonderer Eingang mit Anfahrt, anſtändige Treppe, Vorzimmer, Foyer und Retirade. Neben der herr= ſchaftlichen Loge Kavalierloge, bequeme Verbindung mit der für den Fürſt reſervierten Proſzeniumsloge.

Abb. 26. Die Bühne des Theaters in Lauchſtedt.

Mancherlei.

Kaffee= oder Konditorſaal für das Publikum, von der Galerie und den Logen zugänglich. Retiraden für Herren und Damen zu allen Etagen.

Malerſaal vielleicht im Dachraum uſw.

Außer dem in Gemeinſchaft mit Thouret bewirkten Umbau des alten Komödienhauſes hat Goethe auch den Bau des Theaters zu Lauchſtedt (Abb. 26) ausgeführt.

Über die Klangwirkung in Theater= und Konzertſälen
hat Goethe vielfach mit Zelter ſeine Anſichten ausgetauſcht.
Am 9. September 1826 überſandte er jenem eine ſehr eingehend
ausgearbeitete „Tabelle der Tonlehre", die er bereits im
Jahre 1810 aufgeſtellt hatte. Hierbei teilte er mit, daß er
auch die übrigen Gebiete der Phyſik in derſelben Weiſe
ſchematiſieren wolle.

Die Tätigkeit Goethes im Theaterbau ſpiegelt ſich ebenfalls
in ſeinen Dichtungen mehrfach ab. So äußert er ſich in den
zahmen Xenien:

> „Was iſt denn wohl ein Theaterbau?"
> Ich weiß es wirklich ſehr genau:
> Man pfercht das Brennlichſte zuſammen,
> Da ſteht's dann alſobald in Flammen.

In einem Geſpräch mit F. A. Wolf u. a. legte er den
Unterſchied zwiſchen dem alten und dem modernen Theater
wie folgt dar: „Die Alten hatten in ihren Maskendekorationen,
Maſchinen und Theaterkoſtümen unendlich mehr, was durch
allgemein angenommene Konvention niemand mehr beleidigte,
uns aber unendlich lächerlich vorkommen würde, eine reiche
Fundgrube für die Parodie und Traveſtierung unſerer Komiker.
So bin ich überzeugt, daß das Theater gleichſam in gewiſſe
Regionen geteilt geweſen ſein muß, und daß die Luftregion,
in der die oberen Maſchinen, die dii ex machina (Wolken,
Vögel uſw. im Ariſtophanes) ſchwebten, und die Waſſer= und
Orkusregionen übereinander rangierten, ungefähr ſo, wie in
den Reliefs und den Gemälden des Altertums eine Reihe
Figuren auf den Köpfen der unteren Reihe ſteht. Die war
unwandelbar und ſtets vor den Augen der Zuſchauer, auch
dann, wenn im ganzen Stück das Bedürfnis der einen Region
nicht ein einziges Mal eintrat. Etwas anderes war es mit
den exostris und ἐκκλυκλίσιοι des Innern des Hauſes und
der Veränderung gewiſſer Gaſſen, wie dies auch Palladio
beim Theater in Vicenza ſehr artig angebracht hat. Dieſe
ſtehenden Dekorationen machen es auch allein begreiflich, wie
mehrere, oft acht Stück an einem Tage, gleich nacheinander

Abb. 27. Die Bühne des Teatro Olimpico zu Vicenza.

ohne Störung und Embarras aufgeführt werden konnten." Unsere Abb. 27 gibt eine Ansicht der Bühne des von Goethe erwähnten Teatro Olimpico Palladios wieder.

In dem Vorspiel auf dem Theater zum „Faust" läßt Goethe den Theaterdirektor wie folgt zu Worte kommen:

> Ihr wißt, auf unsern deutschen Bühnen
> Probiert ein jeder, was er mag;
> Drum schonet mir an diesem Tag
> Prospekte nicht und nicht Maschinen!
> Gebraucht das groß' und kleine Himmelslicht,
> Die Sterne dürfet ihr verschwenden;
> An Wasser, Feuer, Felsenwänden,
> An Tier' und Vögeln fehlt es nicht.
> So schreitet in dem engen Bretterhaus
> Den ganzen Kreis der Schöpfung aus
> Und wandelt, mit bedächt'ger Schnelle,
> Vom Himmel durch die Welt zur Hölle!

Dem am 27. Januar 1782 verstorbenen Theatermeister Johann Martin Mieding widmete Goethe ein längeres Gedicht „Auf Miedings Tod". Dieses enthält folgende auf das Theatermaschinenwesen bezügliche Verse:

> Du, Staatsmann, tritt herbei! Hier liegt der Mann,
> Der, so wie du, ein schwer Geschäft begann;

6*

Mit Luft zum Werke mehr als zum Gewinn,
Schob er ein leicht Gerüst mit leichtem Sinn,
Den Wunderbau, der äußerlich entzückt,
Indes der Zauberer sich im Winkel drückt.
Er war's, der säumend manchen Tag verlor,
So sehr ihn Autor und Akteur beschwor;
Und dann zuletzt, wenn es zum Treffen ging,
Des Stückes Glück an schwache Fäden hing.

Wie oft trat nicht die Herrschaft schon herein!
Es ward gepocht, die Symphonie fiel ein,
Daß er noch kletterte, die Stangen trug,
Die Seile zog und manchen Nagel schlug.
Oft glückt's ihm; kühn betrog er die Gefahr;
Doch auch ein Bock macht' ihm kein graues Haar.
Wer preist genug des Mannes kluge Hand,
Wenn er aus Draht elast'sche Federn wand,
Vielfält'ge Pappen auf die Lättchen schlug,
Die Rolle fügte, die den Wagen trug;
Von Zindel, Blech, gefärbt Papier und Glas,
Dem Ausgang lächelnd, rings umgeben saß,
So treu dem unermüdlichen Beruf,
War er's, der Held und Schäfer leicht erschuf.
Was alles zarte, schöne Seelen rührt,
Ward treu von ihm nachahmend ausgeführt:
Des Rasens Grün, des Wassers Silberfall,
Der Vögel Sang, des Donners lauter Knall,
Der Laube Schatten und des Mondes Licht —
Ja selbst ein Ungeheu'r erschreckt' ihn nicht.

Wie die Natur manch widerwärt'ge Kraft
Verbindend zwingt und streitend Körper schafft:
So zwang er jedes Handwerk, jeden Fleiß;
Des Dichters Welt entstand auf sein Geheiß;
Und, so verdient, gewährt die Muse nur
Den Namen ihm — D i r e k t o r   d e r   N a t u r.

Am 27. Dezember 1792 beauftragte Karl August Goethe
mit dem Bau eines Gartenhauses im Weimarschen Park, des
„Römischen Hauses" (Abb. 28). „Den Bau des Gartenhauses",
so schrieb er, „übergebe ich Dir ganz. Da ich wünschte,
bei meiner Rückkehr einen Ruheplatz fertig zu finden, so erzeige
mir den Gefallen, zu besorgen, daß endlich einmal der Plan
des Dinges zustande komme und schnell ausgeführt werde.

Ich muß, um die Landschaftskasse zu schonen, alle neuen Baue übers Jahr einstellen; diesen Ruheort möchte ich aber nicht darein begreifen." Der Herzog drang auch hier in die kleinsten Details ein. So schrieb er am 18. Februar 1793 an Goethe: „Der Bau des Gartenhauses wird in der Masse fortgesetzt, wie es disponiert worden, nämlich daß in diesem Jahre das Erdgeschoß fertig, die Säulen etwa angeschafft werden und man die Vorbereitungen treffe, übers Jahr das Stock auf= zusetzen. Die Feuerung im Hause wäre folgender Gestalt

Abb. 28. Das Römische Haus.

einzurichten. Im Saale, hinter den Säulen, müßte ein Ofen hinkommen; Arends hat dieses als unheizbar gezeichnet. Das mittlere Zimmer bekäme einen Kamin, das Eckzimmer nach der Wiese zu ebenfalls einen, das hintere einen Wind= ofen. Nur muß man sich vorsehen, daß zwei Kamine nicht unmittelbar aneinander stoßen, weil sonsten eines derselben gewiß nicht brennt, sondern rauchen wird. Arends wird schon Mittel finden, die Dekorationen nach diesen Bedürfnissen einzurichten. Sollten die Säulen von Seeberger Stein ge= macht werden, so muß man nur nicht vergessen, sie in den

Fugen mit Bleiplatten zu durchschießen, weil der Sandstein ein Leiter für alle Erdnässe nach oben ist, und wenn die Röhrchen dieses Steins aufeinander passen, die Feuchtigkeit in die Höhe dringt und beständige Nässe an dem Architrab des Frontons verbreitet. Die Bleiplatten heben aber die Kommunikation der Röhrchen auf."

Über die aus Staatsvorräten für die Privatbauten des Herzogs abgegebenen Baumaterialien wurde gewissenhaft ab= gerechnet. In einem aus dem August oder September 1786 datierenden Schreiben teilt Goethe dem Herzog mit: „Hier schicke ich den verlangten Auszug, was von Baumaterialien zu Ihren Anlagen abgegeben worden, mit der Bemerkung: daß man wünscht, Sie möchten den Betrag davon nicht gleich, sondern am Ende des Jahres im ganzen der Baukasse restituieren. Die Ursache davon ist diese: Weil alsdann erst der Bauschreiber das davon erlangte Geld der Hauptkammerkasse abliefern kann; er müßte es also diese Zeit über bei sich liegen lassen und würde auf diese Weise eine Art von Kasse kriegen, welches nicht gut ist. Er kann aber wöchentlich Ihnen einen Auszug liefern, was an Materialien abgegeben worden, und kann von Zeit zu Zeit zusammentragen, was zu jedem Bau er= forderlich gewesen. So wissen Sie jederzeit, wieviel Sie an Materialien schuldig sind und sehen, was am Ende des Jahres zu restituieren sein wird."

An sonstigen Bauarbeiten, bei denen Goethe hervorragend beteiligt war, ist der Neubau eines großen Gewächshauses im Botanischen Garten zu Jena und die Abtragung des Löbertores (Abb. 29) in Jena zu nennen; der Umbau des Schillerschen Gartenhauses, den Goethe im Jahre 1817 ausarbeitete, um dasselbe zu einem Schillermuseum auszugestalten, gelangte nicht zur Ausführung. Die über die Abtragung des Löbertores von Goethe ausgearbeitete Denkschrift hat folgenden Wortlaut:

Die Abtragung des Löbertores betreffend.

Es ist ein alter Wunsch, daß sowohl der äußere als innere Turm des Löbertores abgetragen und der Graben aus=

gefüllt werden möge, wodurch außerhalb ein schöner Platz, nach innen aber eine freiere Kommunikation mit der Stadt gewonnen würde. Dadurch wären gar manche Vorteile erreicht, ja man kann sich von der Notwendigkeit dieser Ein= richtung an jedem Markttage überzeugen; dort halten die Wagen der Holzverkäufer, sowohl des Brennholzes als der Bretter und Pfähle, welche sich einander Platz und Weg versperren. Kommt aber nun noch, wie im letzten Jahre,

Abb. 29. Das Löbertor zu Jena.
Zeichnung Goethes.

ein lebhafter Fruchtmarkt hinzu, so ist keine Polizei imstande, Verwirrungen und daraus entstehendes Unheil zu ver= hindern.

Beobachtet man nun die enge Passage, welche durch das Nutzholz eines dort wohnenden Wagners noch mehr verengt wird, so sieht man, wie bald bei irgendeinem Unglücks= fall selbige versperrt und der Weg aus der Stadt und in die Vorstadt nach den Teichen gehindert werden könne. Allem diesen wird abgeholfen, wenn das äußere Tor abgetragen, ein kürzerer Kanal geführt und der Graben ausgefüllt wird.

Will man alsdann auch an den inneren Turm gehen, so ist Herr Hofrat S., deffen Haus ein Eckhaus würde, gar wohl zufrieden, den dadurch nötig werdenden Bau zu übernehmen. Maurermeifter J. verfichert, das Ganze müßte ohne Kosten geleifet werden können, indem die gewonnenen Materialien den Arbeitslohn übertrügen. Diefer Gegenstand ift alfo wohl von der Art, daß er vorerft eine genauere Erörterung verdiente, deren fich die Behörden mit weniger Bemühung allenfalls unterziehen könnten.

Eine neue Anregung hierzu gibt die gnädigft befohlene Berappung des Bibliotheks= und Karzergebäudes. Würde nun das Löbertor abgetragen und dort alles in reinlichen Stand gefetzt, fo hätte man die ganze Reihe von dem Turm der Anatomie bis an das S.fche Haus in einem Zuftande, wie es einer Refidenz= und Univerfitätsftadt allenfalls geziemt, und es gäbe vielleicht Anlaß, daß die übrigen Außenseiten nach und nach diefem aufgeftellten Mufter wünschenswert ähnlich würden.

Weimar, den 13. Juli 1818.

Goethe.

Über Schillers Gartenhaus äußerte fich Goethe wie folgt:

Gutachtliche Niederschreibung, das Schillersche Gartenhaus zu Jena betreffend.

Schiller baute in die linke Ecke feines Gartens ein kleines Häuschen, wo zu einem einzigen Zimmer im erften Stock eine freiftehende Treppe führte. Diefe ift, fo wie die allzu tief liegenden unteren Schwellen verfault. Diefe wären höher neu einzuziehen, die Treppe in das Gebäude zu verlegen und das Ganze fo herzuftellen, daß man zu dem oberen Zimmer gelangen und Fremde dahin führen könnte.

Diefe wallfahrten häufig hierher, und meine Anficht ift, den hergeftellten Raum nicht leer zu laffen, fondern des trefflichen Freundes Büfte dafelbft aufzuftellen, an den Wänden in Glas und Rahmen ein bedeutendes Blatt feiner eigenen Handschrift, nichts weniger eine kalligraphische Tafel, meinen Epilog zur „Glocke" enthaltend.

Hierzu wünschte ich nun einen Stuhl, einen kleinen Tisch, dessen er sich bediente, vielleicht Tintenfaß, Feder oder irgendeine andere Reliquie.

Alles sollte, so viel es der Raum gestattet, anständig und zierlich aufgestellt werden, den Wunsch Einheimischer und Fremder zu erfüllen und diese Freundespflicht gegen ihn zu beobachten.

J e n a , den 24. März 1817.

Nachrichtlich: G o e t h e.

Die ausgebreitete bauliche Tätigkeit brachte Goethe auch mit dem damaligen Berliner größten Architekten, mit S c h i n k e l [93]) in Berührung, dessen Rat er bei dem Ausbau des großen Bibliotheksaales zu Jena in Anspruch nahm. Schinkel kam im Jahre 1820 in Gemeinschaft mit dem Berliner Bildhauer T i e c k [94]) nach Jena und Weimar und machte Goethe mit den Absichten seines neuen Theaterbaues bekannt. „Das Zusammensein mit den Genannten hatte in wenigen Tagen so viel Produktives — Anlage und Ausführung, Pläne und Vorbereitung, Belehrendes und Ergötzliches — zusammengedrängt, daß die Erinnerung daran immer wieder neu belebend sich erweisen mußte."

Während seines bereits erwähnten Aufenthalts in Stuttgart im Jahre 1797 machte Goethe eingehende Studien über Gips-, Stuck- und Marmorarbeiten, über Farbe der Tapeten, über Parkettfußböden usw. Vieles erregte in den Stuttgarter Schlössern seinen lebhaften Widerspruch. So bezeichnete er eine Anzahl von Zimmern als „gemein vornehm", weil sie reiche vergoldete Architektur auf einem gemein angestrichenen weißen Gipsgrunde aufwiesen, und Türen, die einerseits schnörkelhafte Vergoldungen trugen, anderseits mit Leimfarbe angestrichen waren. Für die Zimmer der Herzogin im Residenzschloß zu Weimar stellte er in Gemeinschaft mit Thouret die Regel auf, „aus dem Anständigen eines Vorsaales in das

Würdigere der Vorzimmer, in das Prächtige des Audienz-
zimmers überzugehen, das Rundell des Eckes und der darauf-
folgenden Zimmer heiter und doch prächtig zu einer inneren
Konversation anzulegen, von da ins Stille und Angenehme
der Wohn- und Schlafzimmer überzugehen und die daran
stoßenden Kabinette und Bibliothek mannigfaltig, zierlich und
mit Anstand vergnüglich zu gestalten." Bei den Hohen-
heimer Gebäuden spricht er sich dahin aus, daß die wenigsten
von ihnen auch nur für den kürzesten Aufenthalt angenehm
und brauchbar seien: „Sie stecken in der Erde, indem man
den allgemeinen Fehler derer, die am Berge bauen, durchaus
begangen hat, daß man den vorderen oder unteren Sockel
zuerst bestimmt und sodann das Gebäude hinten in den Berg
gesteckt hat, anstatt daß, wenn man nicht planieren will noch
kann, man den hinteren Sockel zuerst bestimmen muß; der
vordere mag alsdann so hoch werden als er will."

Über die Marmorarbeiten und den Erzguß Cellinis[95]) hat
Goethe sich mit großer Sachkunde verbreitet, des weiteren
über die in das Gebiet des Kunstgewerbes schlagende Technik
des Fassens der Edelsteine, über Niello, Filigran, Email, Treib-
arbeit, Siegel-, Münzen- und Medaillenherstellung, Grosserie
(große getriebene Arbeiten). Großes Interesse brachte er auch
der Glastechnik einschließlich der Glasmalerei sowie der Por-
zellanfabrikation entgegen, ein Umstand, der sich zwanglos
aus der Tatsache erklärt, daß er dienstlich mit diesen Zweigen
gewerblicher Tätigkeit in Berührung kam. Hierbei fand er
wirksame Beihilfe seitens des Begründers des Landesindustrie-
comptoirs, Friedrich Justin Bertuch. Um sich auch hier weiter
auszubilden, lag er eifrig dem Studium der einschlägigen Literatur, insbesondere auch der „Glasmacherkunst" Kunkels[96]) ob. Mit
Aufmerksamkeit verfolgte Goethe auch die sich immer mehr
ausgestaltende Bearbeitung des Granits. Als glänzende Beispiele der fortschreitenden Technik rühmte er u. a. auch die
Postamente der Gruppen der Berliner Schloßbrücke und die
große Schale im Berliner Lustgarten. Diese Arbeiten waren
nur unter Benutzung von Spezialmaschinen möglich gewesen.

Goethe rühmte bei dieser neuen Technik die Verdienste der Steinmetzmeister W i m m e l und T r i p p e l, sowie des Bau= inspektors C a n t i a n, hieran die Hoffnung knüpfend, daß man es durch Vervollkommnung der Maschinen dahin bringen möge, daß die für eine edle Möblierung notwendigen Tisch= platten für einen billigen Preis angefertigt werden könnten.

Goethes scharfer Blick zeigte sich bei dem Neubau des Weimarer Residenzschlosses auch in folgender Maßnahme: Bei der Untersuchung des bei dem Brande des Schlosses stehen= gebliebenen Mauerwerkes erkannte er dort eine besondere Ge= steinsart, die sich für eine bildhauerische Bearbeitung sehr gut eignete, aber seit vielen Jahren nicht mehr benutzt wurde. Goethe nahm die Gewinnung dieses in Vergessenheit ge= ratenen Gesteins wieder auf und ließ aus demselben mehrere Porträtbüsten für die Bibliothek anfertigen.

Nachstehende Verse aus dem „Westöstlichen Divan" lassen Goethes Interesse für das Bauwesen an einer Stelle erkennen, wo man sie kaum vermuten sollte:

> Getretener Quark
> Wird breit, nicht stark.
> Schlägst du ihn aber mit Gewalt
> In feste Form, er nimmt Gestalt.
> Dergleichen Steine wirst du kennen,
> Europäer Pisee[97]) sie nennen.

Wir haben in unseren bisherigen Betrachtungen einiger B e r l i n e r T e c h n i k e r gedacht. Es dürfte hier der Ort sein, das Verhältnis Goethes zu Berlin und zu den Berlinern zu schildern, soweit es für uns von Interesse ist.

Am 21. Mai 1778 meldeten die „Berliner Nachrichten von Staats= und gelehrten Sachen", daß Herr Legationsrat G o e t h e und die Herren Kammerjunkers v o n W e d e l l und v o n A h l e f e l d in Sachsen=Weimarschen Diensten allhier angelangt waren.

Der „Berlinisch privilegierten Zeitung" unterlief bei ihrer Meldung ein Druckfehler; sie teilte nämlich mit: „Die Herzoglich=Weimarschen Kammerjunker Herren v o n W e d e l l

und v o n A h l e f e l d t und der gleichfalls in Sachsen-Weimar-
schen Diensten stehende Legationsrat Herr v o n G a b e sind
aus Weimar hier eingetroffen."

Die Ursachen, welche Karl August und Goethe bewogen,
sich nach Berlin zu begeben, waren politischer Natur und hingen
eng zusammen mit dem Bayerischen Erbfolgekriege, zu welchem
sich damals Preußen rüstete, um Österreich zur Rückgabe bayerischen Gebietes zu zwingen. Über das Ergebnis der von Karl
August und Goethe gepflogenen Verhandlungen ist nichts
an die Öffentlichkeit gelangt; Weimar blieb während des aus-
brechenden Krieges neutral.

Dieser Aufenthalt Goethes in Berlin ist der einzige gewesen.

Einer am 6. Mai 1821 ergangenen Einladung des Grafen
Brühl zur Eröffnung des Schauspielhauses konnte Goethe
wegen mißlicher Gesundheitsverhältnisse nicht nachkommen,
obwohl Brühl im Namen aller Prinzen und Prinzessinnen
gesprochen hatte. Nebenbei sei bemerkt, daß Goethe den Prolog
für die Feier dichtete, und daß als Weihespiel seine „Iphigenie"
zur Aufführung gelangte.

Über seinen Berliner Aufenthalt im Jahre 1778 hat Goethe
sich in einem an Merck gerichteten Brief vom 5. August 1778
wie folgt geäußert, nachdem er über seine im Winter 1777
unternommene Harzreise berichtet hatte: „Auch in Berlin
war ich im Frühjahr — ein ganz ander Schauspiel! Wir waren
nur wenige Tage da, und ich guckte nur drein, wie das Kind
in den Schön-Raritätenkasten. Aber Du weißt, wie ich im
Anschauen lebe; es sind mir tausend Lichter aufgegangen.
Und dem alten Fritz bin ich recht nah worden; da ich hab sein
Wesen gesehen, sein Gold, Silber, Marmor, Affen, Papageien,
zerrissene Vorhänge und hab' über den großen Menschen seine
eigenen Lumpenhunde räsonieren hören."

In einem an Charlotte von Stein am 17. Mai 1778 gerichteten Schreiben heißt es: „Wenn ich nur gut erzählen kann
von dem großen Uhrwerk, das sich vor einem treibt, von der
Bewegung der Puppen kann man auf die verborgenen Räder,
besonders auf die große Walze, F R gezeichnet, mit tausend

Stiften schließen, die diese Melodien eine nach der anderen hervorbringt."

Während seines Aufenthaltes besuchte Goethe von uns interessierenden Anstalten die Berliner Porzellan=manufaktur und die Potsdamer Gewehr=fabrik.

Friedrich den Großen hat Goethe nicht zu Gesicht bekommen, da jener in Schlesien bei den Manövern verweilte.

Interessant ist das Urteil, das Goethe sich über Berlin und die Berliner gebildet hat.

Als er sich einst mit Eckermann über das Dämonische unterhielt, nannte er Berlin „eine klare prosaische Stadt, wo das Dämonische kaum Gelegenheit finden würde, sich zu mani=festieren."

Zu Goethes Vertrautesten gehörte Zelter, ein Berliner in des Wortes eigenartigster Bedeutung. Goethe rühmte im Dezember 1823 von ihm, daß er kaum jemand kenne, der so derb und zugleich so zart sein könne. „Und dabei", so fuhr er fort, „muß man nicht vergessen, daß er über ein halbes Jahr=hundert in Berlin zugebracht hat. Es lebt aber, wie ich an allem merke, dort ein so verwegener Menschenschlag beisammen, daß man mit der Delikatesse nicht weit reicht, sondern daß man Haare auf den Zähnen haben und mitunter etwas grob sein muß, um sich über Wasser zu halten." Wenngleich im Laufe der Jahre sich in Berlin eine treue Gemeinde von Goethe=freunden und =Verehrern bildete, so kamen doch gewisse Auf=fassungsverschiedenheiten vor. So berichtete Zelter an Goethe, daß die Berliner den „Epimenides" nicht verstanden hätten, und daß daher der stets bereite Berliner Lokalwitz das Stück umgetauft habe in „J wie meenen Sie des?"[98]

Zelter war übrigens der einzige, dem Goethe in der zweiten Hälfte seines Lebens das „Du" angeboten hat. „Wenn die Tüchtigkeit sich aus der Welt verlöre", so sagte Goethe von ihm, „so könnte man sie durch ihn wieder herstellen."

Die Beziehungen Goethes zu hervorragenden Berliner Technikern und Förderern der Technik werden wir später schildern.

Der schon in frühester Jugend sich geltend machende
Untersuchungstrieb Goethes gegen natür=
liche Dinge fand in Weimar die weitestgehende Gelegenheit,
sich nicht nur in praktischer, sondern auch in wissenschaft=
licher Richtung zu betätigen und zu vertiefen. „Ich kam,"
so bemerkte Goethe im Jahre 1824 bescheidener Weise zu Friedrich
von Müller, „höchst unwissend in allen Naturstudien nach
Weimar, und erst das Bedürfnis, dem Herzog bei seinen mancher=
lei Unternehmungen, Bauten, Anlagen praktische Ratschläge
geben zu können, trieb mich zum Studium der Natur. Ilmenau
hat mir viel Zeit, Mühe und Geld gekostet, dafür habe ich aber
auch etwas dabei gelernt und mir eine Anschauung der Natur
erworben, die ich um keinen Preis umtauschen möchte. Mit
allen Naturlehrern und Schriftstellern getraue ich mir es auf=
zunehmen; sie scheuen mich auch alle, wenn sie schon oft nicht
meiner Meinung sind."

Auf dem Gebiete der Physik und Chemie waren
es besonders der Dr. Sievers und der Hofapotheker
Dr. Buchholz in Weimar, sowie die Jenenser Professoren
Büttner, Göttling, Seebeck[99]) und Döbereiner,
welche Goethes Kenntnisse erweiterten. Diese hatten sich nach
und nach derart vermehrt, daß Goethe mehrere Jahre hindurch
im engeren Kreise Vorträge über Magnetismus, Elektrizität,
Raum, Materie, Optik usw. gehalten hat. Auch trug er sich
mit der Idee, ein großes Naturgedicht zu schaffen. Im
Jahre 1798 klärte sich diese Absicht dahin, daß er die Idee des
großen Naturgedichtes fallen ließ, dagegen den magneti=
schen Kräften ein größeres Poem zu widmen beschloß.
„Man muß," so schrieb er an Knebel[100]), „einzeln versuchen, was
im ganzen unmöglich werden möchte." Auch dieses Gedicht
ist nicht verwirklicht worden, trotzdem Goethe sich, wie Riemer
mitteilt, in Ilmenau besondere Eisenkörper anfertigen ließ, um
sich mit den betreffenden Erscheinungen aus eigener Erfahrung
bekannt zu machen.

Bevor wir auf Goethes Einzelleistungen in der Chemie
und Physik eingehen, müssen wir dessen allgemeine Stellung

zu diesen Wissenschaften sowie zu der Grundlage aller technischen Wissenschaften, zu der Mathematik schildern.

Goethe äußerte sich im Jahre 1826 dahin, daß er unter Berücksichtigung seiner Anlagen und Verhältnisse von früher Jugend an sich anmaßen mußte, die Natur ohne Mitwirkung der Mathematik zu betrachten, daß er aber den Vorwurf, er sei ein Feind der Mathematik, nicht verdiene. Um zu beweisen, daß niemand die Mathematik höher schätze als er, wählte er ein eigenartiges Mittel, indem er aus den Schriften d'Alemberts[101]), Desprez's[102]) und Ciccolinis[103]) Auszüge nahm und die darin getanen Äußerungen zu den seinigen machte.

Aus der Zahl von Goethes Äußerungen über den Wert der Mathematik mögen folgende hier Platz finden.

„Das Wort, es solle kein mit der Geometrie Unbekannter, der Geometrie Fremder in die Schule des Philosophen[104]) treten, heißt nicht etwa, man solle ein Mathematiker sein, um ein Weltweiser zu werden. Geometrie ist hier in ihrem ersten Elemente gedacht, wie sie uns im Euklid vorliegt, und wie wir sie einen jeden Anfänger beginnen lassen. Alsdann aber ist sie die vollkommenste Vorbereitung, ja Einleitung in die Philosophie.

―――――

Wenn man die Mathematik verehren, ja lieben will, so muß man sie da betrachten, wo sie sich als Priesterin der Astronomie darstellt. Hier hat sie Gelegenheit, alle ihre Tugenden zu entwickeln, sie ist ganz eigentlich an ihrem Platze im innersten und äußersten Heiligtum der Natur.

―――――

Wie man der französischen Sprache niemals den Vorzug streitig machen wird, als ausgebildete Hof- und Weltsprache sich immer mehr aus- und fortbildend zu wirken, so wird es niemand einfallen, das Verdienst der Mathematiker gering zu schätzen, welches sie, in ihrer Sprache die wichtigsten Angelegenheiten verhandelnd, sich um die Welt erwerben, indem sie alles, was der Zahl und dem Maß im höchsten Sinne unterworfen ist, zu regeln, zu bestimmen und zu entscheiden wissen.

Was ist in der Mathematik exakt als die Exaktheit? Und diese, ist sie nicht eine Folge des inneren Wahrheitsgefühls?

Die Mathematiker sind wunderliche Leute; durch das Große, was sie leisteten, haben sie sich zur Universalgilde aufgeworfen und wollen nichts anerkennen, als was in ihren Kreis paßt, was ihr Organ behandeln kann. — Einer der ersten Mathematiker sagte bei Gelegenheit, wo man ihm ein physisches Kapitel anbringlich empfehlen wollte: „Aber läßt sich denn gar nichts auf den Kalkül reduzieren?"

Die Mathematiker sind eine Art Franzosen: Redet man zu ihnen, so übersetzen sie es in ihre Sprache, und dann ist es alsobald ganz etwas anderes.

Die Mathematik steht ganz falsch im Rufe, untrügliche Schlüsse zu liefern. Ihre ganze Sicherheit ist weiter nichts als Identität. Zweimal zwei ist nicht vier, sondern es ist eben zwei mal zwei, und das nennen wir abkürzend vier. Vier ist aber durchaus nichts Neues. Und so geht es immerfort bei ihren Folgerungen, nur daß man in den höheren Formeln die Identität aus den Augen verliert. Die Pythagoräer, die Platoniker meinten Wunder was in den Zahlen alles stecke, die Religion selbst; aber Gott muß ganz anderswo gesucht werden.

Der Mathematiker ist nur insofern vollkommen, als er ein vollkommener Mensch ist, als er das Schöne, das Wahre in sich empfindet; dann erst wird er gründlich, durchsichtig, umsichtig, rein klar, anmutig, ja elegant wirken. Das alles gehört dazu, um Lagrange[105]) ähnlich zu werden.

Man leugnet dem Gesicht nicht ab, daß es die Entfernung der Gegenstände, die sich neben und übereinander befinden, zu schätzen wisse; das Hintereinander will man nicht gleichmäßig zugestehen. Und doch ist dem Menschen, der nicht stationär, sondern beweglich gedacht wird, hierin die sicherste Lehre durch Parallaxe[106]) verliehen.

Die Lehre von dem Gebrauch der korrespondierenden Winkel ist, genau besehen, darin eingeschlossen. Wer zuerst im Bilde auf seinen Horizont die Zielpunkte des mannigfaltigen Spiels wagerechter Linien bannte, erfand das Prinzip der Perspektive.

———

Die Natur ist etwas Inkommensurables, und wer sich mit der Natur abgibt, versucht die Quadratur des Zirkels. Nun fragt sichs nur, wo man den Bruch hinwirft.

Die Zahlen sind, wie unsere armen Worte, nur Versuche, die Erscheinungen zu fassen und auszudrücken, wenig unzureichende Annäherungen.

———

Alle unsere Erkenntnis ist symbolisch. Eins ist das Symbol vom anderen. Die magnetische Erscheinung Symbol der elektrischen, zugleich dasselbe und zugleich Symbol der andern, ebenso die Farben durch ihre Polarität, symbolisch für die Pole der Elektrizität und des Magnetismus. Und so ist die Wissenschaft e i n   k ü n s t l i c h e s   L e b e n   aus Tatsache, Symbol, Gleichnis wunderbar zusammengeflossen.

Der Mathematiker ist angewiesen aufs Quantitative, auf alles, was sich durch Zahl und Maß bestimmen läßt, und also gewissermaßen auf das äußerlich erkennbare Universum. Betrachten wir aber dieses insofern uns Fähigkeit gegeben ist, mit vollem Geiste und aus allen Kräften, so erkennen wir, daß Quantität und Qualität als die zwei Pole des erscheinenden Daseins gelten müssen; daher denn auch der Mathematiker seine Formelsprache so hoch steigert, um, insofern es möglich, in der meßbaren und zählbaren Welt die unmeßbare mit zu begreifen. Nun erscheint ihm alles greifbar, faßlich und mechanisch, und er kommt in den Verdacht eines heimlichen Atheismus, indem er ja das Unmeßbarste, welches wir Gott nennen, zugleich mit zu erfassen glaubt und daher dessen besonderes oder vorzügliches Dasein aufzugeben scheint.

———

Die in Cuviers Lobrede auf Hauy, den Begründer der wissenschaftlichen Kristallographie vorkommende Wendung »le ciel est entièrement soumis à la géométrie« belächelte Goethe, indem er darauf hinwies, daß die Mathematiker ja nicht einmal die vis centripeta erklären könnten.

Die vorstehend wiedergegebenen Äußerungen sind zum Teil ein Ausfluß des Mißbehagens, das Goethe infolge der Ablehnung hegte, die seine „Beiträge zur Optik" und seine „Farbenlehre", wie wir später noch sehen werden, seitens der Fachleute erfahren hatten. Am 19. August 1806 sprach er sich Luden[107]) gegenüber dahin aus, daß er ein mathematisches Buch (die Farbenlehre) geschrieben habe, das er bald wie einen verlorenen Sohn in die Welt hinein laufen zu lassen gedenke. Er müsse aber gestehen, daß bei dem ständigen Verkehr mit Zahlen, Buchstaben und Figuren ihm, wie Mephistopheles dem Schüler bei seiner Gottähnlichkeit weissagt, bei aller Wahrheit und Gewißheit recht herzlich bange geworden sei.

Von Goethes lebendigem Interesse für die Mathematik und deren praktische Anwendung zeugt die durch v. Biedermann uns übermittelte Tatsache, daß er im Jahre 1793 während der Belagerung von Mainz ein preußisches Geschütz abfeuerte, allerdings ohne einen Treffer zu erzielen. Der Batterieoffizier, mit dem er sich über die Berechnung der Flugbahn unterhielt, kam hierbei zu der Überzeugung, daß Goethe ein ganz tüchtiger Mathematiker sei, dem die mathematischen Formeln vollkommen geläufig seien.

Als Goethe im Jahre 1809 die Oberleitung der sogenannten unmittelbaren Anstalten für Kunst und Wissenschaft übernahm, hatte er Gelegenheit, praktisch das Verhältnis der Mathematik zu der Physik und der Physik zu der Chemie kennen und würdigen zu lernen. Über ersteres äußert er sich in der „Farbenlehre" wie folgt: „Man kann von dem Physiker, welcher die Naturlehre in ihrem ganzen Umfange behandeln will, verlangen, daß er Mathematiker sei. In den mittleren Zeiten war die Mathematik das vorzüglichste unter den Organen, durch welche man sich der Geheimnisse der Natur zu bemächtigen hoffte; und noch ist in gewissen Teilen der Naturlehre die Meßkunst, wie billig, herrschend. Der Verfasser kann sich keiner Kultur von dieser Seite rühmen und verweilt auch deshalb nur in den von der Meßkunst abhängigen Regionen, die sich in der neueren Zeit weit und breit aufgetan haben. Wer bekennt nicht, daß die Mathematik, als eins der herrlichsten menschlichen Organe, der Physik von einer Seite sehr vieles genützt hat? Daß sie aber durch falsche Anwendung ihrer Behandlungsweise dieser Wissenschaft gar manches geschadet, läßt sich auch nicht wohl leugnen, und man findet es hier und da notdürftig eingestanden. Die Farbenlehre besonders hat sehr viel gelitten und ihre Fortschritte sind äußerst gehindert worden dadurch, daß man sie mit der übrigen Optik, welche der Meßkunst nicht entbehren kann, vermengt, da sie doch eigentlich von jener ganz abgesondert betrachtet werden kann."

„Als getrennt muß sich darstellen: Physik und Mathematik. Jene muß in einer entschiedenen Unabhängigkeit bestehen und mit allen lebenden verehrenden, frommen Kräften in die Natur und in das heilige Leben derselben einzudringen suchen, unbekümmert, was die Mathematik von ihrer Seite leistet und tut. Diese muß sich dagegen unabhängig von allem Äußeren erklären, ihren eigentlichen großen Geistesgang gehen und sich selber reiner ausbilden, als es geschehen kann, wenn sie, wie bisher sich mit dem vorhandenen abgibt und diesem etwas abzuzwingen oder anzupassen trachtet."

Am 31. März 1819 teilte Goethe dem Gothaschen Minister von Lindenau vertraulich mit, daß er sich schon längst mit dem Gedanken trage, mathematische und chemische Physik zu trennen, „wie es die großen Fortschritte dieser Wissenschaft zu verlangen scheinen". Auch stellte er für diese Trennung ein Schema auf, welches angab, was dem Mathematiker, was dem Chemiker zufiele. „Einer verwiese sodann auf den anderen, einige Kapitel behandeln sie gemeinschaftlich; alles, was über die Erfahrung hinausgeht, überließen sie dem Philosophen." An anderer Stelle spricht er sich dahin aus, daß an der Universität Jena künftighin die Professur der Physik zessieren möge, und

daß sich in diese Wissenschaft der Philosoph, der Mathematiker
und der Chemiker teilen möchten.

Bei der Beobachtung der zeitgenössischen Lehrkräfte beklagte
Goethe deren unendliche Weitschweifigkeit und das Fehlen des
selbständigen Wissens. „Die Deutschen, und sie nicht allein,"
so drückt er sich aus, „besitzen die Gabe, die Wissenschaften un=
zugänglich zu machen, der Engländer ist Meister, das Entdeckte
gleich zu nutzen, bis es wieder zu neuen Entdeckungen und
frischer Tat führt. Man frage nun, warum sie uns überall
voraus sind?" Das Kapitel von der Elektrizität war noch das=
jenige, was seiner Meinung nach am vorzüglichsten bearbeitet
wurde. „Wie ungeheure Summen," so äußerte er sich zu Falk
im Jahre 1809, „haben nicht die Fabrikherren durch falsche
Ansichten in der Chemie verloren! Selbst die technischen Künste
sind bei weitem nicht wie sie sein sollten, vorgerückt. Diese
Bücher= und Stubengelehrsamkeit, das Klugwerden und Klug=
machen aus nachgeschriebenen Heften ist auch die alleinige
Ursache, daß die Zahl der wahrhaft nützlichen Entdeckungen
durch alle Jahrhunderte so gering ist. Wahrlich, wenn heute,
wo wir den 29. Februar 1809 schreiben, der altehrwürdige
englische Mönch Baco[108], — mit dem Kanzler Verulam nicht
zu verwechseln — von den Toten zurück zu mir in mein Studier=
zimmer käme und mich höflichst ersuchte, ihn mit den Ent=
deckungen, die seitdem in Künsten und Wissenschaften erfolgt,
bekannt zu machen, ich würde mit einiger Beschämung dastehen
und im Grunde nicht recht wissen, was ich dem guten Alten
antworten sollte.

Bei uns Deutschen geht alles sein langsam von statten . . . .
Was den Mönch Baco betrifft, so darf uns diese außerordentliche
Erscheinung nicht wundernehmen. Wir wissen ja, daß sich in
England sehr früh große Keime von Zivilisation zeigten. Die
Eroberung dieser Insel durch die Römer möchte wohl dazu
den ersten Grund gelegt haben. Dergleichen verwischt sich doch
nicht so leicht, wie man wohl glaubt. Später machte auch das
Christentum ebenfalls daselbst, und das schon früh, die bedeutend=
sten Fortschritte. Der heilige Bonifazius ist nicht nur mit einem

Evangelienbuche, sondern auch mit dem Winkelmaß in der
Hand, und von allen Baukünsten begleitet, von dort her zu
uns herüber nach Thüringen gekommen. Baco lebte zu einer
Zeit, wo der Bürgerstand durch die Magna charta bereits
große Vorrechte in England erreicht hatte. Die erlangte Freiheit
der Meere, die Jury oder die Geschworenengerichte vollendeten
diesen heiteren Anfang. Es war fast unmöglich, daß bei so
günstigen Umständen die Wissenschaften zurückbleiben und nicht
auch einen freien Aufschwung nehmen sollten. In Baco nahmen
sie denselben wirklich. Dieser sinnige Mönch, ebensoweit vom
Aberglauben als vom Unglauben entfernt, hat alles in der
Idee, nur nicht in der Wirklichkeit gehabt. Die ganze Magie
der Natur ist ihm im schönsten Sinne des Wortes aufgegangen.
Er sah alles, was kommen mußte, die Sonnenmikroskope, die
Uhren, die Camera obscura, die Projektionen des Schattens;
kurz, aus der Erscheinung des einzigen Mannes könnte man
abnehmen, was für Fortschritte das Volk, zu dem er gehörte,
im Gebiete der Erfindungen, Künste und Wissenschaften zu
machen berufen war.

Strebt aber nur immer weiter fort, junges, deutsches Volk,
und werdet nicht müde, es auf dem Wege, wo wir es angefangen
haben, glücklich fortzusetzen! Ergebt euch dabei keiner Manier,
keinem einseitigen Wesen irgend einer Art, unter welchem
Namen es auch unter euch auftrete! Wißt, verfälscht ist alles,
was uns von der Natur trennt; der Weg der Natur aber ist
derselbe, auf dem ihr Baco, Homer und Shakespeare notwendig
begegnen müßt. Es ist überall noch viel zu tun! Seht nur
mit eigenen Augen und hört mit eigenen Ohren! Übrigens
laßt es euch nicht kümmern, wenn sie euch anfeinden! Auch
uns ist es, weil wir lebten, nicht besser gegangen."

In ähnlichem Sinne sprach Goethe sich Eckermann gegen=
über im Jahre 1824 aus:

„Überall treibt man auf Akademien viel zu viel und gar zu
viel Unnützes. Auch dehnen die Lehrer ihre Fächer viel zu
weit aus, bei weitem über die Bedürfnisse der Hörer. In
früheren Zeiten wurde Chemie und Botanik als zur Arznei=

kunde gehörig vorgetragen und der Mediziner hatte daran
genug. Jetzt aber sind Chemie und Botanik eigene unüber-
sehbare Wissenschaften geworden, deren jede ein ganzes Menschen-
leben erfordert, und man will sie dem Mediziner mit zumuten!

Daraus aber kann nichts werden; das eine wird über das
andere unterlassen und vergessen. Wer klug ist, lehnt daher
alle zerstreuende Anforderungen ab und beschränkt sich auf
e i n Fach und wird tüchtig in e i n e m."

Anderseits erkannte Goethe die hohe Stellung, die Deutschland kraft seines in höchster Blüte stehenden Unterrichtswesens
unter den Völkern der Erde einnahm, rückhaltlos und mit
Stolz an.

„Deutschland," so äußerte er zu Eckermann, „hat über
zwanzig im ganzen Reiche verteilte Universitäten und über
hundert ebenso verbreitete öffentliche Bibliotheken, an Kunst-
sammlungen und Sammlungen von Gegenständen aller Natur-
reiche gleichfalls eine große Zahl; denn jeder Fürst hat dafür
gesorgt, dergleichen Schönes und Gutes in seine Nähe heran-
zuziehen. Gymnasien und Schulen für Technik und Industrie
sind im Überfluß da; ja es ist kaum ein deutsches Dorf, das
nicht seine Schule hätte. Wie steht es aber um diesen letzten
Punkt in Frankreich?"

Die in den vorstehend wiedergegebenen Äußerungen ver-
tretene Auffassung Goethes hat ihn und den Herzog Karl August
veranlaßt, bei der Einberufung von Lehrkräften mit peinlichster
Sorgfalt zu verfahren, eine Maßnahme, die vom schönsten
Erfolge gekrönt war.

An zahlreichen Stellen der Goetheschen Schriften begegnen
wir Äußerungen, die erkennen lassen, wie tief und verständnis-
voll Goethe in das Wesen der Chemie und der Physik ein-
gedrungen war, und welche prophetische Voraussicht ihm bis-
weilen innewohnte. Daß er hierbei auch Irrtümern unterworfen
war, vermindert nicht den Gesamteindruck der Größe der Kenntnisse Goethes.

„Die sittlichen Symbole in den Naturwissenschaften (so z. B.
in den Wahlverwandtschaften vom großen Bergmann erfunden

und gebraucht) sind geistreicher und lassen sich eher mit Poesie, ja mit Sozietät verbinden, als alle übrigen, wie ja auch selbst die mathematischen nur anthropomorphisch sind, nur daß jene dem Gemüt, diese dem Verstand angehören." Diese im Jahre 1809 Riemer gegenüber getane Äußerung führt uns hinüber zu Goethes Roman „Die Wahlverwandtschaften", dessen viertes Kapitel uns wie eine in die Form eines geistreichen Gespräches gekleidete chemische Vorlesung anmutet, aus welcher wir einen Teil der Ausführungen des Hauptmanns, Charlottens und Eduards hier folgen lassen.

„Z. B. was wir Kalkstein nennen", so führt der Hauptmann aus, „ist eine mehr oder weniger reine Kalkerde, innig mit einer zarten Säure verbunden, die uns in Luftform bekannt geworden ist. Bringt man ein Stück solchen Steines in verdünnte Schwefel= säure, so ergreift diese den Kalk und erscheint mit ihm als Gips; jene zarte luftige Säure entflieht. Hier ist eine Trennung, eine neue Zusammensetzung entstanden, und man glaubt sich nun= mehr berechtigt, sogar das Wort Wahlverwandtschaften an= zuwenden, weil es wirklich aussieht, als wenn ein Verhältnis dem andern vorgezogen, eins v o r dem anderen erwählt würde.

Verzeihen Sie mir, sagte Charlotte, wie ich dem Natur= forscher verzeihe; aber ich würde hier niemals eine Wahl, eher eine Naturnotwendigkeit erblicken, und diese kaum: denn es ist am Ende vielleicht gar nur die Sache der Gelegenheit. Gelegen= heit macht Verhältnisse, wie sie Diebe macht; und wenn von Ihren Naturkörpern die Rede ist, so scheint mir die Wahl bloß in den Händen des Chemikers zu liegen, der diese Wesen zusammen= bringt. Sind sie aber einmal beisammen, dann gnade ihnen Gott! In dem gegenwärtigen Falle dauert mich nur die arme Luftsäure, die sich wieder im Unendlichen herumtreiben muß.

Es kommt nur auf sie an, versetzte der Hauptmann, sich mit dem Wasser zu verbinden und als Mineralquelle Gesunden und Kranken zur Erquickung zu dienen. Der Gips hat gut reden, sagte Charlotte, der ist nun fertig, ist ein Körper, ist versorgt, anstatt daß jenes ausgetriebene Wesen noch manche Not haben kann, bis es wieder unterkommt.

Ich müßte sehr irren, sagte Eduard lächelnd, oder es steckt eine kleine Tücke hinter deinen Reden. Gestehe nur deine Schalkheit! Am Ende bin ich in deinen Augen der Kalk, der vom Hauptmann als einer Schwefelsäure ergriffen, deiner anmutigen Gesellschaft entzogen und in refraktären Gips verwandelt wird.

Wenn das Gewissen, versetzte Charlotte, dich solche Betrachtungen machen heißt, so kann ich ohne Sorgen sein. Diese Gleichnisreden sind artig und unterhaltend, und wer spielt nicht gern mit Ähnlichkeiten? Aber der Mensch ist doch um so manche Stufe über jene Elemente erhöht; und wenn er hier mit jenen schönen Worten Wahl und Wahlverwandtschaften etwas freigebig gewesen, so tut er wohl, wieder in sich selbst zurückzukehren und den Wert solcher Ausdrücke bei diesem Anlaß recht zu bedenken. Mir sind leider Fälle genug bekannt, wo eine innige unauflöslich scheinende Verbindung zweier Wesen durch gelegentliche Zugesellung eines dritten aufgehoben und eines der erst so schön verbundenen ins lose Weite hinausgetrieben wird.

Da sind die Chemiker viel galanter, sagte Eduard, sie gesellen ein viertes dazu, damit keines leer ausgehe." — — — —

Diese Darlegung der Natur- und Wahlverwandtschaften veranlaßt dann schließlich Charlotte zu der vertraulichen Mitteilung, daß sie entschlossen sei, Ottilie zu sich zu berufen.

Einige weitere Äußerungen Goethes auf dem Gebiete der Physik und Chemie mögen hier ebenfalls noch Platz finden:

In der Naturforschung bedarf es eines kategorischen Imperativs so gut als im Sittlichen; nur bedenke man, daß man dadurch nicht am Ende, sondern erst am Anfang ist.

Es ist seltsam, daß eine so geistreiche Nation wie die französische sich mit solchen mathematischen, wie des Cartesius[109]) sind, mit solchen Figuren, als seine Wirbel vorstellen, hat befassen mögen, die so unbegreiflich als irgendein anderes der geoffenbarten Religion auch sind. Aber es scheint so, daß wenn man sich des Unbegreiflichen in einem Falle abtut und es nicht

anerkennen will, man zur Genugtuung in eine andere un=
begreifliche Vorstellung verfällt, wie z. B. die Cartesianische
und die Newtonsche sind.

***

Allerdings.

Dem Physiker.

„Ins Innre der Natur" —
O du Philister!
„Dringt kein erschaffner Geist."
Mich und Geschwister
Mögt ihr an solches Wort
Nur nicht erinnern:
Wir denken: Ort für Ort
Sind wir im Innern.
„Glückselig! wem sie nur
Die äußre Schale weist!"
Das hör' ich sechzig Jahre wiederholen,
Ich fluche drauf, aber verstohlen;
Sage mir tausend tausend Male:
Alles gibt sie reichlich und gern;
Natur hat weder Kern
Noch Schale,
Alles ist sie mit einem Male;
Dich prüfe du nur allermeist,
Ob du Kern oder Schale seist.

„Gib mir, wo ich stehe!"
Archimedes
„Nimm dir, wo du stehest"
Nose [110]
„Behaupte, wo du stehst!"
G(oethe)

***

Der Magnet ist ein Urphänomen, das man nur aussprechen
darf, um es erklärt zu haben; dadurch wird es denn auch ein
Symbol für alles übrige, wofür wir keine Worte noch Namen
zu suchen brauchen.

***

Etwas Mönchisch=Hagestolzenartiges hat die Kristallographie
und ist daher sich selbst genug. Von praktischer Lebenseinwirkung
ist sie nicht; denn die köstlichsten Erzeugnisse ihres Gebiets, die

kristallinischen Edelsteine, müssen erst geschliffen werden, ehe wir unsere Frauen damit schmücken können.

Ganz das Entgegengesetzte ist von der Chemie zu sagen, welche von der ausgebreitetsten Anwendung und von dem grenzenlosesten Einfluß aufs Leben sich erweist.

Man erkundige sich ums Phänomen, nehme es so genau damit als möglich und sehe, wie weit man in der Einsicht und in praktischer Anwendung damit kommen kann, und lasse das Problem ruhig liegen. Umgekehrt handeln die Physiker: sie gehen gerade aufs Problem los und verwickeln sich unterwegs in so viele Schwierigkeiten, daß ihnen zuletzt jede Aussicht verschwindet.

Der Mensch an sich selbst, insofern er sich seiner gesunden Sinne bedient, ist der größte und genaueste physikalische Apparat, den es geben kann, und das ist eben das Unheil der neueren Physik, daß man die Experimente gleichsam vom Menschen abgesondert hat und bloß in dem, was künstliche Instrumente zeigen, die Natur erkennen, ja, was sie leisten kann, dadurch beschränken und beweisen will.

Ebenso ist es mit dem Berechnen. Es ist vieles wahr, was sich nicht berechnen läßt, sowie sehr vieles, was sich nicht bis zum entschiedenen Experiment bringen läßt.

Das unmittelbare Gewahrwerden der Urphänomene versetzt uns in eine Art von Angst, wir fühlen unsere Unzulänglichkeit; nur durch das ewige Spiel der Empirie belebt, erfreuen sie uns.

Wer sich mit seiner Erfahrung begnügt und danach handelt, der hat Wahres genug. Das heranwachsende Kind ist weise in diesem Sinne.

Die Theorie an und für sich ist nichts nütze, als insofern sie uns an den Zusammenhang der Erscheinungen glauben macht.

Fall und Stoß. Dadurch die Bewegung der Welt=körper erklären zu wollen, ist eigentlich ein versteckter Anthro=pomorphismus: es ist des Wanderers Gang über Feld. Der aufgehobene Fuß sinkt nieder, der zurückgebliebene strebt vor=wärts und fällt; und immer so fort, vom Ausgehen bis zum Ankommen. — Wie wäre es, wenn man auf demselben Wege den Vergleich von dem Schlittschuhfahren hernähme, wo das Vorwärtsdringen dem zurückbleibenden Fuße zukommt, indem er zugleich die Obliegenheit übernimmt, noch eine solche An=regung zu geben, daß sein nunmehriger Hintermann auch wieder eine Zeitlang sich vorwärts zu bewegen die Bestimmung erhält.

Die Luft ist niemals elektrisch, sondern der Gegenstand in ihr wird es durch seine Position und Berührung mit einem anderen.

Die Weiber möchten auf der einen Seite lieben und auf der anderen geliebt werden und so beide Pole ihres Magneten beschäftigen. Wir wissen es; sie tuen es unbewußt.

„Was will die Nadel nach Norden gekehrt?"
Sich selbst zu finden, es ist ihr verwehrt.

Die endliche Ruhe wird nur verspürt,
Sobald der Pol den Pol berührt.
Drum danket Gott, ihr Söhne der Zeit,
Daß er die Pole für ewig entzweit.

Magnetes Geheimnis, erkläre mir das!
Kein größer Geheimnis als Lieb' und Haß.

Soll dein Kompaß dich richtig leiten,
Hüt dich vor Magnetstein', die dich begleiten.

Will Licht einem Körper sich vermählen,
Es wird den ganz durchsichtigen wählen.

Mikroskope und Fernrohre verwirren eigentlich den reinen Menschensinn.

———

Wahrhaft überraschend ist das tiefgehende Verständnis, das Goethe dem Wesen der Elektrizität entgegenbrachte, das bis auf den heutigen Tag den Gegenstand eines der größten Probleme unserer Gelehrten und Praktiker bildet. In einer unlängst in der „Elektrotechnischen Zeitschrift" veröffentlichten, den jetzigen Standpunkt der theoretischen Physik darlegenden Abhandlung stellt Dr. Hans Witte als die wahrschein=lichste Lösung des Problems den Satz auf: „Das Wesen der Elektrizität besteht darin, daß sie ein „Wesen" im physikalischen Sinne des Wortes nicht besitzt, das heißt, daß sie selbst nicht erklärbar ist durch andere Naturkräfte. Dafür ist sie selber die=jenige letzte Urkraft, die die Erklärung der ganzen physikalischen Welt in sich schließt." Genau die gleiche Auffassung von dem Wesen der Elektrizität hat Goethe schon im Jahre 1825 in seinem „Versuch einer Witterungslehre" niedergelegt; hier äußert er sich unter dem Stichwort „Elektrizität" wie folgt: „Diese darf man wohl und im höchsten Sinne als problematisch ansprechen. Wir betrachten sie daher vorerst unabhängig von allen übrigen Erscheinungen; sie ist das durchgehende allgegen=wärtige Element, das alles materielle Dasein begleitet, und ebenso das atmosphärische; man kann sie sich unbefangen als „Weltseele" denken."

Auch das elektrische Fernsehen eines der neuesten Probleme der Technik, hat Goethe vorgeahnt und zwar im zehnten Gesang von „Reineke Fuchs" wo es heißt:

> „Höret nun weiter vom Spiegel, darin die Stelle des Glases
> Ein Beryll vertrat, von großer Klarheit und Schönheit,
> Alles zeigte sich darin, und wenn es meilenweit vorging,
> War es Tag oder Nacht."

Dieses Phantasiegebilde Goethes — so führt Eder in seiner Geschichte der Photographie aus, sollte im neunzehnten Jahr=hundert seine Verwirklichung finden, indem man vom Selen ausging. — —

Dagegen hat Goethe bei der folgenden im Jahre 1807 Riemer gegenüber getanen Äußerung die zukünftigen Fortschritte der physikalischen Technik zu gering eingeschätzt: „So wie es lächerlich wäre, wenn einer das Sehen durch das Hören, das Hören durch das Sehen kompensieren oder ersetzen wollte, sich bemühte, die Töne zu sehen, statt zu hören: so ist es lächerlich, durch Mathematik die übrigen Erkenntnisarten zu kompensieren und Vice versa so in allen übrigen; oder es wird eine Phantasterei." Hier ist Goethe, allerdings erst erheblich spät nach seinem Tode, durch die Fortschritte der Wissenschaft und Praxis ad absurdum geführt. Die Erfindung des Phonographen und des Grammophons hat nämlich die Möglichkeit gegeben, die Töne graphisch festzulegen, sogenannte Sprachkurven aufzunehmen und an ihnen die Bildung der Töne zu verfolgen.

Auffallenderweise hat Goethe, nachdem er die Theorie Lavoisiers anerkannt hatte, sich von dieser abgewandt und, wie aus einer zu S. Boisserée im Jahre 1815 getanen Äußerung hervorgeht, sich als ein Verehrer des im Jahre 1809 verstorbenen Joseph Jakob Winterl, Professor der Chemie und Botanik zu Pest, bekannt. Winterl behauptete, nachgewiesen zu haben, daß mehrere bis dahin als einfach angesehene Stoffe zusammengesetzte Stoffe seien, und daß er neue weitverbreitete Elemente nachgewiesen habe. Der Theorie Lavoisiers machte er den Vorwurf, daß sie nicht imstande sei, Fragen nach dem allgemeinen Prinzip der Metalle, des Sättigungsvermögens und andere mehr zu beantworten. Nach seiner Auffassung genügte die Kenntnis der materiellen nachweisbaren Bestandteile der verschiedenen Substanzen nicht, um eine Erklärung der Eigenschaften der letzteren zu geben. Er nahm zu diesem Zweck noch imponderable Prinzipien an, die er „begeisternde" nannte; so nahm er zwei sich einander entgegengesetzt begeisternde Prinzipien an: das Säure- und das Base-Prinzip. Ihm sollte es gelungen sein, Modifikationen der Materie darzustellen, die einfacher seien als alle bis dahin bekannten chemischen Elemente. Ein solcher Stoff war die Andronia, die, mit Sauerstoff, Wasser und Säure-Prinzip in verschiedenen Verhältnissen verbunden,

Kohlensäure, Stickgas und Salpetersäure, mit Wasserstoff, Milch, Eiweiß usw. bilden sollte. Berthollet[111]) und Vauquelin untersuchten die Andronia, nachdem sie vergeblich versucht hatten, sie darzustellen, und fanden, daß sie aus Kieselerde bestand, die mit Kalk, Tonerde, Kali und Eisen vermengt war. Die Wissen=schaft ging über Winterls geplante Totalreform der Chemie zur Tagesordnung über.

Selbst bei dem Studium fernliegender Lektüre drängten sich Goethe zu der Chemie Beziehungen auf, die von berufenen Fachleuten nicht beachtet wurden. So äußerte er am 1. März 1805 bei Tisch zu Riemer: „Für eine chemische Gesellschaft wäre ein gutes Motto und Emblem die Stelle im Homer, vom Menelaus und Proteus: Odyssee IV, 450 u. ff. Proteus kann für ein Symbol der Natur, Menelaus für ein Symbol der naturforschenden und naturzwingenden Gesellschaft gelten." Hier handelt es sich um folgende die Bezwingung des sich wiederholt verwandelnden Proteus erzählende Verse.

> ἔνδιος δ'ὁ γέρων ἦλθ' ἐξ ἁλὸς, εὗρε δὲ φώκας
> ζατρεφέας, πάσας δ'ἀρ' ἐπῴχετο, λέκτο δ'ἀριθμόν.
> ἐν δ'ἡμέας πρώτους λέγε κήτεσιν, οὐδέτι θυμῷ
> ὠΐσθη δόλον εἶναι. ἔπειτα δε λέκτο καὶ αὐτός.
> ἡμεῖς δὲ ἰάχοντες ἐπεσσύμεθ', ἀμφὶ δὲ χεῖρας
> βάλλομεν οὐδ' ὁ γέρων δολίης ἐπελήθετο τέχνης,
> ἀλλ' ἦτοι πρώτιστα λέων γένετ' ἠϋγένειος,
> αὐτὰρ ἔπειτα δράκων καὶ πάρδαλις ἠδὲ μέγας σῦς.
> γίγνετο δ'ἱγρὸν ὕδωρ καὶ δένδρεον ὑψιπέτηλον.
> ἡμεῖς δ'ἀστεμφέως ἔχομεν τετληότι θυμῷ.

In der Vossischen Übersetzung:

Aber am Mittag kam der göttliche Greis aus dem Wasser,
Ging bei den feisten Robben umher und zählte sie alle.
Also zählt' er auch uns für Ungeheuer und dachte
Gar an keinen Betrug; dann legt er sich selber zu ihnen.
Plötzlich fuhren wir auf mit Geschrei und schlangen die Hände
Schnell um den Greis; doch dieser vergaß der betrüglichen Kunst nicht.
Erstlich ward er ein Leu mit fürchterlich wallender Mähne,
Drauf ein Pardel ,ein bläulicher Drach und ein zürnender Eber,
Floß dann als Wasser dahin und rauscht' als Baum in den Wolken.
Aber wir hielten ihn fest mit unerschrockener Seele.

Wie tief die chemischen Vorgänge sich Goethe eingeprägt hatten, geht auch aus nachstehender Äußerung hervor, die er tat, als er die Nachricht vom Tode der Frau v o n K r ü d e n e r erhielt: „So ein Leben ist wie Hobelspäne; kaum ein Häufchen Asche ist daraus zu gewinnen zum Seifensieden!"

In das Gebiet der Physik schlagen auch folgende Äußerungen: „Die Materie hat ebensoviel Lust zu verharren als sich zu ver=

Abb. 30. Gottfried Christoph Beireis.

ändern[112]), und auf diesem Gleichgewicht beruht die Möglichkeit der Welt, indem Gott nur mit Wenigem den Ausschlag zu geben braucht."

„Die Liebe ist wie eine Konservationsbrille[113]), aber nur für den Gegenstand, den man damit betrachtet, nicht für uns. Sonst sieht man doch mit der Brille schärfer und deutlicher; mit dieser Brille aber verschwindet aller Mangel und Fehler, und lauter Dinge, die nicht da sind, wenn man die bloßen Augen braucht, kommen erft hier zum Vorschein. Zwar kommen auch Mängel und Fehler zum Vorschein, nämlich Tugenden und Eigenschaften, welche fehlen, sobald man den Gegenstand mit bloßen Augen sieht."

Goethe hatte übrigens eine Abneigung gegen die Brillen= träger; nur bei Zelter machte er eine Ausnahme. „Es kommt mir immer vor," so äußerte er sich zu Eckermann, „als sollte ich den Fremden zum Gegenstande genauer Unterfuchung bienen, und als wollten sie durch ihre gewaffneten Blicke in mein ge= heimstes Innere bringen und jedes Fältchen meines alten Gesichtes erspähen."

Intereffant ift Goethes Begegnung mit G o t t f r i e d C h r i f t o p h B e i r e i s , dem „Magus von Helmstedt". (Abb. 30) Wenn die Anfichten über Beireis noch heute großenteils dahin gehen, daß er seine Berühmtheit in erster Linie einer gewiffen Charlatanerie verdanke, so trägt jener selbst hieran einen großen Teil der Schuld. Die neueren Forschungen haben aber ergeben, daß Beireis das Auffehen, das er viele Jahrzehnte hindurch auf sich zu lenken wußte, zumeist seinen bedeutenden Fähigkeiten und seiner segensreichen Tätigkeit als Mensch, Gelehrter und Arzt zu verdanken hatte. Schon als Student widmete er sich, durch seine ungünftige Vermögenslage gedrängt, der Kunst des Goldmachens, woburch er sich schon frühzeitig in den Ruf eines Adepten brachte. Wie Böttger[114]) und Kunkel kein Gold fanden, sondern der eine das Porzellan, der andere das Rubinglas, so auch Beireis: an Stelle des Goldes entdeckte er die Herstellung hoch wertvoller Farben, Karmin und Schmalte, und brachte es hierdurch allmählich zu großem Reichtum. Vom Jahre 1759 ab war Beireis professor publicus ordinarius für Physik in Helmstedt; außerdem aber las er noch Collegia über die verschiedenartigsten Fächer: Chemie, Zoologie, Mathematik, Forftwiffenschaft usw.

Weit berühmt wären die koftbaren Sammlungen, welche Beireis besaß; sie enthielten u. a. die von Otto von Guericke erfundenen und benutzten Apparate, Luftpumpe und Elektrisier= maschine,[115]) sowie wertvolle Automaten, eine freffende und ver=

dauende Ente und einen Flötenspieler. Am berühmtesten aber
war ein angeblicher Diamant von der Größe eines Gänseeies.
Goethe hatte von Beireis so viel gehört, daß „man sich schelten
mußte, daß man eine so einzig merkwürdige Persönlichkeit, die
auf eine früher vorübergehende Epoche hindeutete, nicht mit
Augen gesehen, nicht im Umgang einigermaßen erforscht habe".
So reiste denn Goethe im Sommer des Jahres 1805 in Gemein=
schaft mit Professor Wolf und seinem vierzehnjährigen Sohne
August[116]) nach Helmstedt, dem „Elm=Athen", um den damals
75 jährigen alten, unbeweibten Zauberer von Angesicht zu
Angesicht kennen zu lernen.

Die Automaten befanden sich in jämmerlichem Zustande,
der Flötenspieler flötete nicht mehr, die Ente fraß aller=
dings noch Hafer, verdaute ihn jedoch nicht mehr. Auch die
übrigen Sammlungen befanden sich im Zustande des Verfalls.
Auf einer Hahnschen Rechenmaschine, wurden komplizierte
Exempel einiger Spezies durchgerechnet. Ein als „magisches
Orakel" bezeichnetes Kunstwerk war außer Betrieb. Es war
dies eine Uhr, die in früheren Zeiten auf Beireis' Befehl bald
stillstand, bald weiter ging. Der alte Wundermann hatte ge=
schworen, sie niemals wieder aufzuziehen, nachdem ein Offizier,
den man wegen Erzählung dieses Wunders Lügen gestraft
hatte, im Duell erstochen war. Beireis hatte Goethe gegenüber
anfangs mit seinen unter den Zeitgenossen fast berüchtigten
Legenden zurückgehalten, allmählich aber gab er seine Reserve
auf. Bei einem der zu Ehren Goethes veranstalteten lukullischen
Mahle wurden kolossale Krebse gereicht. Wie Beireis erzählte,
durften diese in seinem Fischkasten niemals fehlen, weil, wie
er fest behauptete, er durch deren Genuß einst aus einem todes=
ähnlichen Zustande wieder ins Leben zurückgerufen sei. Kurz
vor Goethes Abreise führte Beireis den großen Diamanten vor,
indem „er ohne weitere Zeremonien aus der rechten Hosentasche
das bedeutende Naturerzeugnis brachte" und einige Versuche
ausführte, die die Eigenschaften eines echten Diamanten er=
weisen sollten. Auf mäßiges Reiben zog der Stein Papier=
schnitzelchen an, und mit der Feile schien man ihm nichts anhaben

zu können. Beireis erzählte alsdann, daß er den Stein in einer Muffel geprüft und infolge des sich darbietenden herrlichen Flammenspiels vergessen habe, das Feuer rechtzeitig zu dämpfen, wobei der Stein über eine Million Taler an Wert verloren habe. Er pries sich glücklich, auf diese Weise ein Feuer= werk gesehen zu haben, welches Kaisern und Königen ver= sagt sei.

Goethe erwies sich auch hier als skeptischer und kritischer Physiker und betrachtete durch den angeblichen Diamant die horizontalen Stäbe eines Fensters, wobei er feststellte, daß die Farbensäume nicht breiter waren als wie sie der Bergkristall liefert. Goethes Aufenthalt in Helmstedt war aber „durch die größte Radomontade seines wunderlichen Freundes ganz eigent= lich gekrönt".

Beireis hat übrigens auch der Dichtkunst obgelegen. So widmete er dem Andenken des Herzogs Karl I. von Braun= schweig, des Vaters der Herzogin Anna Amalia, eine Kantate, die am 12. Mai 1780 in der Universitätskirche zu Helmstedt durch das unter Beireis Leitung stehende Collegium musicum aufgeführt wurde, und aus der wir folgende Strophen wieder= geben.

(Chor.)

Weint, verwaiste Länder weinet!
Euer Titus ist entseelt,
Fürst und Menschenfreund vereint,
Eilt in ihm zur Sternenwelt.

(Akkompagnement.)

Der Guelphen Karl, der beste Fürst verschied!
So klaget des Geliebten Land,
Das Er jetzt flieht,
Bei dieser hohen Zeder Falle,
So seufzen, trauern alle,
Die durch das Heldenblut mit ihm verwandt,
Und jeder, der aus Pflicht,
Aus Liebe Ihn, als Landesvater ehrt.
Mit Tränenblick,
Mit heißem Flehn begehrt
Des größten Königs Schwester den geliebten Karl.

Germaniens Erretter
Stehn weinend um den Sarg und schaun zum Gott der
Götter.
Und Du, die seinen Namen führt,
Die er beglückt,
Mit neuem Licht,
Und neuem Ruhm geschmückt,
Und Ewigkeit Dir gab, wie seh ich Dich gerührt,
O Julie[117], verlassene Karoline[118]!
Wie trübt der Kummer Deine Miene!

Einen wahrhaft maßgeblichen und andauernden Einfluß hat ein anderer Vertreter der induktiven Wissenschaften, der im Jahre 1809 als Nachfolger des verstorbenen Göttling nach Jena berufene Professor der Chemie Döbereiner auf Goethe ausgeübt. Es ist ein hoher Genuß, den von Karl August und Goethe mit Döbereiner gepflogenen langjährigen Briefwechsel zu lesen. Es ist kaum möglich, alle die verschiedenen praktischen Anwendungen der induktiven Wissenschaften aufzuzählen, die hier erwogen und nach Möglichkeit in die Tat umgesetzt wurden, so die Branntweinbrennerei und Spiritus= fabrikation, die Zuckerfabrikation aus Runkel= rüben und Stärke, die Syrupfabrikation, die Bierbrauerei, die Gasbeleuchtung, die Zentral= heizung mittels Luft und Dampf, die Schwefel= säurefabrikation, die Herstellung künstlicher Thermalwasser, die Leichenverbrennung, die Darstellung des Steinkohlentheers, die Ein= wirkung der Elektrizität auf die Pflanzen und viele andere Fragen aus den Gebieten der Elektrizität und des Magnetismus.

Am bekanntesten ist Döbereiner der Allgemeinheit durch seine Arbeiten über das Platin geworden, die ihn auf die Erfindung der nach ihm benannten Zündmaschine führten, „die brillanteste Erfindung der damaligen Zeit", wie Berzelius[119]) sie nannte. Diese Maschine bestand aus einem oben geschlossenen Glas= gefäße, das verdünnte Schwefelsäure enthielt; in diese Säure

8*

konnte mittels eines Hebels ein Zinkkolben eingetaucht werden, infolgedessen sich Wasserstoff entwickelte. Dieser Wasserstoff wurde gegen Platinschwamm, der in einem kleinem oberhalb des Glasgefäßes angeordneten Behälter lag, geleitet; der Platinschwamm begann zu glimmen, und der Wasserstoff entzündete sich. An der so erzielten Flamme wurde ein mit Spiritus getränkter Schwamm entzündet und als Zündmittel zum Feuermachen und zum Anzünden der Lampen benutzt. Diese Döbereinersche Zündmaschine hat bis zur Erfindung der Zündhölzer eines der notwendigsten Hausgeräte gebildet und eine über den ganzen Erdball sich erstreckende Industrie geschaffen. Sie hätte ihren Erfinder zum reichsten Manne gemacht, hätte dieser das Anerbieten des englischen Fabrikanten Robinson angenommen. Uneigennützig verzichtete aber Döbereiner auf jeglichen Gewinn und stellte seine Zündmaschine der Allgemeinheit zur Verfügung.

Auf diese Zündmaschine bezieht sich nachstehendes Schreiben Goethes:

Ew. Wohlgeboren

sind aus Erfahrung selbst überzeugt, daß es eine höchst angenehme Empfindung sei, wenn man eine bedeutende Entdeckung irgendeiner Naturkraft technisch alsobald zu irgendeinem nützlichen Gebrauch eingeleitet sieht, und so bin ich in dem Falle, mich Ew. Wohlgeboren immer dankbar zu erinnern, da Ihr so glücklich erfundenes Feuerzeug mir täglich zur Hand steht und mir der entdeckte wichtige Versuch von so tatkräftiger Verbindung zweier Elemente, des schwersten und des leichtesten, immerfort auf eine wundersame Weise nützlich wird. . . .

Weimar, den 7. Oktober 1827.

In vorzüglichster Hochachtung
ergebenst
J. W. v. Goethe.

Für das zwischen Goethe und Döbereiner bestehende schöne Verhältnis legen auch die nachstehenden Verse Zeugnis ab, die jener im Jahre 1816 oder 1817 für Döbereiners Kinder zu einer Beglückwünschung ihres Vaters dichtete:

An Döbereiner.

Im Namen der Kinder.
Wenn wir Dich, o Vater, sehen
In der Werkstatt der Natur
Stoffe sammeln, lösen, binden,
Als seist Du der Schöpfer nur:
Denken wir, der solche Sachen
Hat so weislich ausgedacht,
Sollte der nicht Mittel finden
Und die Kunst, die fröhlich macht?
Und dann schauend auf nach oben
Wünschen, bester Vater, wir,
Was die Menschen alle loben,
Glück und Lebensfreude dir.

Nachstehend geben wir einige von Karl August und Goethe an Döbereiner gerichtete Briefe wieder.

Ohne Datum (1810?).

In Hermbstädts[120]) Bulletin, zweiter Teil, Seite 44, steht folgende Anweisung zum Coignak und Entfuselung des reinen Kornbranntweins durch ausgeglühte Holzkohle. Das Verhältnis ist auf ein Berliner Quart = 2¼ Pfund Branntwein vier Lot Kohlenstaub. Er bedingt aber, daß dieses Kohlenpulver dem Branntwein kalt zugesetzt, die Masse zwei Tage beisammen bleibe, öfters umgeschüttelt, und die Kohle sorgfältig abgesondert werde, ehe der Branntwein wieder auf die Blase komme, um endlich Coignak heraus zu destillieren, weil sonsten die Kohlen, kommen sie mit auf die Blase, jedesmal wieder Fuselstoff entlassen und in den rektifizierten Weingeist übergehen lassen würden. Wenn der Branntwein gänzlich entfuselt ist, werden auf jedes Quart 60 Tropfen Essignaphta zugegossen und gebrannter Zucker zugetan. Über diesen Gegenstand wünschte ich des Herrn Professor Döbereiner Meinung zu hören.

Carl August.

8. Februar 1812.

Im Fall, daß kein Exemplar des Gartenmagazins in
Jena oder wenigstens nicht gleich bei der Hand wäre, schicke
ich, Herr Professor, Ihnen beiliegende Hefte, die ich mir
gelegentlich zurück erbitte, in welchen der Waidbau[121])
und dessen Benutzung weitläufig abgehandelt ist, und wor=
innen sich auch, nämlich im zwölften Hefte, die Erfurter
Versuche befinden, sollten letztere so sein wie sie hier be=
schrieben stehen, so wäre es doch der Mühe wert, ihnen nach=
zuforschen.

Noch lege ich ein Werkchen bei über die Praktik der
Runkelrüben.

Alles dieses teile ich Ihnen in der Absicht mit, damit
Sie sich auf eine Unterhaltung vorbereiten, die ich mit Ihnen
über diese Gegenstände zu haben wünsche, wenn ich einmal
nach Jena komme. Im künftigen Jahre, wenn es die Um=
stände erlauben, bekomme ich vielleicht ein sehr geräumiges
Lokal nicht weit von hier, wo eine Zucker= oder Waid=Indigo=
Fabrik, oder beide, angelegt werden könnte, wenn es der
Mühe wert zu sein sich bestätigt, diese zwei Objekte zu be=
arbeiten. Bei benanntem Lokale kann noch eine mäßige
Landwirtschaft hinzugefügt werden, welches bei der Zucker=
fabrik ein wichtiger Gegenstand wäre. Leben Sie wohl.

Carl August.

Großes Interesse brachten der Großherzog und Goethe der
Dampf= und Luftheizung, den damaligen Anfängen der Zentral=
heizung, entgegen. Am 10. März 1816 ließ ersterer folgenden
Auftrag durch Goethe an Döbereiner übermitteln:

Mit den Dämpfen eines beliebigen Volumens kochenden
Wassers kaltes Wasser, nämlich von gewöhnlicher Temperatur,
kochend zu machen und dann folgende daraus entstehende
Fragen zu beantworten:

a) Kann man durch Dämpfe kochenden Wassers kaltes
Wasser von gewöhnlicher Stubentemperatur (8 bis 10°) kochend
machen?

b) Kann dieses geschehen, gleichviel ob die Dämpfe auf die Oberfläche oder Unterfläche des kalten Wassers geleitet werden?

c) Wieviel Zeit braucht ein Volumen Wasser von $+ 8^0$, um durch Dämpfe kochend gemacht zu werden?

d) Wie könnte sich die Quantität kochenden Wassers zu einer Quantität kalten Wassers von $+ 8^0$ verhalten, um letztere in der kürzesten Zeit durch Dämpfe kochend zu machen?"

Aus dem Jahre 1816 (ohne Datum) stammt auch folgendes Schreiben Karl Augusts an Goethe:

„Hier schicke ich ein paar interessante Skripta von Döbereiner, die ich gestern bekam. Erzeige mir den Gefallen, ihm bestens für mich dafür zu danken. Auf die Heizung mit Dämpfen lege ich keinen Wert, denn, wenn man auch eine momentane Wärme hervorbringen kann, so hört doch die Wärme auf, sowie die Verdampfungsoperation stille steht. Ich besitze auch schöne Zeichnungen von einer Dampfvorrichtung, die bei Berlin in einem Treibhause angelegt wurde."

Des weiteren folgten einige Jahre später die nachstehenden Fragen:

1. Gesetzt, es könnte ein in einem verschlossenen Raume befindlicher Kubikfuß Luft von 0^0 R dergestalt glühend gemacht werden, daß das z. B. eiserne Gefäß, das ihn enthielt, bis auf den Punkt der Hitze käme, wo die Schmelzperiode des Eisens eintritt, wie viel Grade Réaumür würde dieser Kubikfuß Luft enthalten?

2. Wenn dieser also glühenden Luft ein Ausgang durch eine Röhre verstattet und durch selbe in einen geschlossenen Raum geführt würde, der luftdicht wäre, wie viel Kubikfuß Luft in diesem luftdichten Raume könnte der ausströmende glühende Kubikfuß Luft, wenn nämlich die in dem zweiten luftdichten Raume befindliche Luft 0^0 R wäre, wenigstens bis zur Siedehitze, nämlich zu 80^0 R bringen?

Alle diese Erkundigungen zielen bloß dahin, um die mehrmals projektierten Heizungen aus kalter, durch erwärmte Gefäße oder Räume geführter Luft, für die Praxis theoretisch anwendbar zu machen. Deswegen sind hier unanwendbare unmögliche maxima ausgesprochen worden, um die möglichen minima nur einigermaßen auf etwas Sicheres zu reduzieren.

3. Ein Maß Wasser = 2 Pfund siedend bis zur Dampfauflösung gebracht und diese Dämpfe in stehendes eingeschlossenes Wasser von z. B. 0° R geleitet, wie viele Maß oder Pfunde Wasser können diese Dämpfe bis zum Siedepunkte bringen?

Da ich das Konzept dieser Fragen bei mir habe, so bitte ich nur die Nummern dieser Fragen bei der Beantwortung derselben zu allegieren.

Weimar, den 23. März 1819.

Carl August.

Am folgenden Tage vervollständigte der Großherzog seine Fragen wie folgt:

24. März 1819.

Nachdem ich beistehendes geschrieben hatte, studierte ich in Klapproths[122]) chemischem Wörterbuche und fand meine Fragen nicht erledigt, außer die erste, nämlich unter dem Artikel Glühen stand, daß Wedgwood[123]) die Luft so glühend gemacht hätte, daß ein Golddraht darin geschmolzen wäre; dann im Artikel „Schmelzen" eine Tabelle, wo Gold bei 32° Wedgwood schmölze; also könnte meine erste Frage folgender Gestalt beantwortet werden:

1 cbf Luft glühend, um Golddraht zu schmelzen
= 32° Wedgwood.

Aber die Wedgwoodsche Skala ist mir unbekannt. Wie verhält sie sich zu Réaumur und Fahrenheit?

Ich bin jetzt hinter empirischen Formeln her, um diese Fragen zu lösen, und so viel scheint mir klar zu sein, daß, um die Fragen 1 und 2 zu befriedigen, ein Ofen gehört, der um sich herum einen Mantel habe, ohne daß sich beide

berühren; die Luft dazwischen läßt sich fast unermeßlich
hitzen. Der Eintrittskanal der kalten Luft in diesen Kanal
muß enge und der Austrittskanal sehr weit sein, weil die
Operation des Führens der heißen Luft in einen kalten
Raum sich auf das Gewicht der warmen und kalten Luft
bezieht, nämlich daß die leichtere heißere in solchem Übermaße
die schwerere kältere überwiege, damit diese von der ersteren
so schnell erhitzt werde, daß letztere nicht Zeit gewinne, erstere
zu erkälten und ihre Ausströmung zu verhindern; mit einem
Worte, daß letztere, indem sie schnell erhitzt wird, ihre Schwere
verliere und das Gewicht der heißen annehme. Der Ein-
führungskanal der kalten Luft muß deswegen klein sein,
damit der Zug stärker werde und die heiße Luft stärker heraus-
treibe. Die Dämpfe betreffend habe ich in Klapproths chemischem Wörterbuche nicht viel Ersprießliches für meinen
Kram gefunden, weil er mehr von der Elastizität derselben
als von der möglichen Erhitzbarkeit spricht.

Beide Heizungsmethoden sind für Pflanzenhäuser von
großer Wichtigkeit, weil die trockene Hitze denen Pflanzen
öfter schädlich, die feuchte ihnen aber immer ersprießlich
ist. Unsere gewöhnliche Feuerungsmethode, durch heißen
Rauch bewirkt, gibt aber nichts wie trockene Hitze.

Die erstere Methode, nämlich die mit durchströmender
geheizter freier Luft, wenn sie anwendbar, und zwar im
großen, gemacht werden könnte, böte Vorteile über die
Heizung mit Wasserdampf, weil sie ungleich weniger Vorrichtung erforderte. — — — —

    Vale.   C a r l A u g u s t.

Das Verhältnis zwischen Karl August und Döbereiner
gestaltete sich immer vertraulicher. Jener übernahm am 1. November 1821 die Patenstelle bei Döbereiners Sohn. Das im
folgenden Jahre erschienene Werk Döbereiners „Zur pneumatischen Phytochemie" ist dem Großherzoge, „dem erhabenen
Beschützer und Beförderer des Lebens, der Künste und Wissenschaften" gewidmet.

Nunmehr lassen wir einige Briefe Goethes an Döbereiner folgen:

Antiquarische Anfrage an den Chemiker.

Es steht geschrieben, ein Weib habe ihrem Manne Gift gegeben, davon habe er sich schlecht befunden, sei ihr aber nicht geschwind genug gestorben. Darauf habe sie ihm Queck= silber beigebracht, und er sei auf einmal frisch und gesund geworden.

Was mag das für ein Gift gewesen sein?

Jena, den 19. November 1812.

Goethe.

Wenige Tage später ergänzte Goethe diesen Brief wie folgt:

Die an Ew. Wohlgeboren ergangene Anfrage gründet sich auf ein Epigramm des Ausonius[124]), der dadurch das An= denken eines zu seiner Zeit merkwürdigen Kriminalfalles geistreich aufbewahren wollte. Ich lege das Original und eine Übersetzung bei.

Dieses Original lautet:

In Eumpinam adulteram.

Toxica zelotypo dedit uxor moecha marito,
Nec satis ad mortem credidit esse datum.
Miscuit argenti letalia pondera vivi,
Cogeret ut celerem vis geminata necem.
Dividat haec si quis, faciunt secreta venenum;
Antidotum sumet qui sociata bibet.
Ergo inter sese dum noxia pocula certant,
Cessit letalis noxa salutiferae.
Protinus et vacuos alvi petiere recessus,
Lubrica dejectis qua via nota cibis.
Quam pia cura deum! prodest crudelior uxor.
Et quum fata volunt, bina venena juvant.

Bei näherer Betrachtung des Gedichtes kann der Zweifel entstehen, ob die Frau das Gift voraus und das Quecksilber nachgesendet, weil der Mann nicht sterben wollen, oder ob sie das Gift mit dem Quecksilber erst vermischt und dann dem Manne eingegeben. Für den Chemiker bleibt die Frage gleich, für den Arzt verändert sich die Bedeutung einigermaßen.

Wollen Sie die Sache für das chemische, philologische und juristische Publikum durch Publikation unserer kleinen Korrespondenz bringen, so soll es mir angenehm sein. Ich sende zu diesem Zweck auch Ihr Blatt wieder zurück.

Jena, den 22. November 1812.　　　Goethe.

Ew. Hochwohlgeboren

sind in Ihren beiden letzten Briefen meinen Wünschen zuvorgekommen. Die Erklärungsweise, wodurch Sie uns über den Ursprung der Berkaischen Schwefelwasser verständigen, kommt mit der Überzeugung überein, die ich von solchen Dingen, freilich nur im allgemeinen, hegen kann. Die großen Fortschritte der Chemie rechne ich unter die glücklichen Ereignisse, die mir begegnen können. In diesen Tagen habe ich wieder manche Stunde Ihrem vortrefflichen Handbuche gewidmet, um mich mit der Sprache, den Ausdrücken, der Terminologie, der Symbolik immer mehr bekannt zu machen. Nicht allein muß man sie wissen, um den Chemiker zu verstehen, sondern sich angewöhnen, damit selbst zu gebahren. Verläßt man nie den herrlichen elektrochemischen geistigen Leitfaden, so kann uns das übrige auch nicht entgehen. Aus Italien hat uns ein Herr Morecchini Hoffnung gemacht, Farben und Magnetismus in Rapport zu setzen. Herr Dr. Seebeck hat zwar kein Zutrauen dazu, allein mir ist an der Sache so unendlich viel gelegen, daß ich ihr die Zeit her immer nachgehe. Ich habe mir einen Entwurf zu einer Reihe von Versuchen gemacht, deren Resultate ich nächstens zu melden hoffe. Heute sage ich nichts mehr, als daß ich Sie ersuche, der Selbstverbrennung lebender menschlicher Körper Ihre Aufmerksamkeit zu schenken, welche Dr. Kopp zu Hanau wieder zur Sprache gebracht hat. (S. Jenaische Ergänzungsblätter für 1813, Spalte 44.) Hier wie beim Verfaulen, Verwesen, Verfetten, ist die Operation ganz chemisch und um so merkwürdiger, als die Elemente den Rest einer geschwächten Vitalität überwältigen. Da die körperliche Beschaffenheit solcher Personen nunmehr ziemlich ins klare gesetzt ist, so wäre die Frage, ob man nicht Leichnamen ähnlicher Art auf irgendeinem chemischen Wege die Fähigkeiten mitteilen könnte, von einem geringen Feueranlaß entzündet zu werden und an und in sich selbst zu verbrennen. Alles deutet bei dieser Operation auf eine schnelle Entwicklung des Schwefelwasserstoffgases, mit dem wir uns bisher so eifrig beschäftigt haben.

Weimar, den 24. Dezember 1812.

Goethe.

Als sich die Zubereitung des Leuchtgases aus Steinkohlen siegreich verbreitete, erregte dies in Karl August und Goethe den Wunsch, diese neue Art der Beleuchtung praktisch zu erproben.

Das folgende an Goethe gerichtete Schreiben des Großherzogs enthält neben anderen technischen Anregungen auch den Auftrag, der Frage der Gasbeleuchtung näher zu treten.

1. Döbereiner hatte mir diesen Morgen das gedruckte Blatt (Beschreibung eines Hygrometers aus Rattenblasen) geschickt; ich ließ gleich Körnern (den Hofmechanikus) kommen, dieser ging auf die Rattenjagd und hat mir soeben schon eine Blase gebracht, der Hygrometer soll nun versucht werden.

2. Der Reichenbachsche Theodolit ist angekommen; ich habe ihn gleich an Körnern übergeben, weil er ein sehr delikates Instrument ist. Du wirst schon bestimmen, wenn er an die Sternwarte abgegeben werden soll.

3. Laß doch Otteney einen Eisenschmelzversuch in dem Schmelzofen machen, der in der Küche des Jenaischen Schlosses schon vor zwei Jahren gebaut und noch nie angezündet wurde.

4. Ich höre, daß Pflug (Kupferschmied in Jena) sich mit Gasbeleuchtung wieder beschäftigt. Ich habe Lust einen Versuch im großen, einer Straßenbeleuchtung, zu machen und wollte dazu den Jenaischen Schloßhof hergeben, weil dorten alles mehr beisammen ist wie hier. Da aber bei der-

gleichen Versuchen alles auf die Direktion ankommt, so sollte ich glauben, es wäre am besten, diese Herrn v o n M ü n - ch o w (Professor in Jena) zu übertragen. Wenn Du dieser Meinung wärst, so könntest Du ihn hierauf instruieren, und ich wollte es auch selbst tun, wenn er von Gotha wiederkehrend, hier durch kommt, welches, wie Körner sagt, diese Woche erfolgen wird.

3. Oktober 1816.

C a r l   A u g u s t.

Was die Chymisten für wunderbares Zeug finden! ich lasse jetzt eine Windfahne mit einem Elektrometer bei Schöndorf aufrichten, die soll ein echter Zeichendeuter werden. Zwei Zentner Steinkohlen können hier beim Kastellan und Baukonduktenr Kirchner verabfolgt und geholt werden. Zugleich bemerke ich, daß ich sowohl mit Steinkohlen als auch mit Holz die Gasbeleuchtungsversuche gemacht zu haben wünschte.

Auch in einem anderen aus dem Jahre 1816 stammenden Schreiben ohne Datum beschäftigte sich Karl August mit der Beleuchtungstechnik wie folgt:

Aber was zu verfolgen der Mühe wert sein könnte, ist Döbereiners Vorschlag, Licht durch Verbindung der Kohle mit Wasser hervorzubringen[125]. Über diesen Gegenstand laß Dich in Korrespondenz mit ihm ein, um zu hören, wie viel er glaube, daß auf diese Versuche müsse verwendet werden, um bedeutende Resultate hervorzubringen. Dazu wollte ich wohl etwas bewilligen.

C a r l   A u g u s t.

Infolgedessen richtete Goethe folgendes Schreiben an Döbereiner:

Ew. Wohlgeboren

haben in einem Schreiben an Serenissimum folgendes ge- meldet: Ich habe gefunden, daß Kohle und Wasser bei ihrer

Wechselwirkung in hoher Temperatur das wohlfeilste und
reinste Feuergas geben, und hätte ich Geld, um diese Entdeckung durch Versuche weiter fortzusetzen und sie zum Nutzen
für das Leben ausarbeiten zu können, so würde ich vielleicht
imstande sein, die Bereitung des Lichtgases wohlfeiler und
einfacher auszuführen, als dieses von den Engländern geschehen ist durch Benutzung ihrer Steinkohlen. Ihre Königliche
Hoheit wünschen über diesen Gegenstand vollkommen unterrichtet zu werden und zu vernehmen, wie viel auf diese Versuche verwendet werden müßte, um bedeutende Resultate
herauszubringen. Vielleicht würden Höchstdieselben etwas
dazu verwilligen.

Weimar, den 5. Dezember 1816.

Goethe.

Auf diese Döbereinersche Gasbereitung bezieht sich auch
folgendes Schreiben Goethes an Döbereiner:

Ihro Königliche Hoheit werden morgen, Montag, den
13., bei Ihnen anfahren und wünschen, die Operation des
Übersteigens des Wasserstoffgases über glühende Kohlen
zu sehen, woraus das Gewisse Etwas entsteht. Sagen
Ew. Wohlgeboren mir durch Überbringer dieses, inwiefern
Sie hoffen, etwas Erfreuliches zu leisten . . . . Mit besten
Willen und Wünschen.

Jena, den 12. April 1818.

Goethe.

Über die Bereitung des Steinkohlengases berichtet Goethe
in den „Tag- und Jahresheften 1816“: „Zu sonstigen physikalischen Aufklärungen war der Versuch einer Gasbeleuchtung
in Jena veranstaltet; wie wir denn auch durch Döbereiner
die Art, durch Druck verschiedene Stoffe zu extrahieren, kennen
lernten.“

Aus dem Jahre 1816 stammt ein interessanter Schrift-
wechsel zwischen Karl August und Goethe über ein angebliches
perpetuum mobile. Am 17. Januar berichtet Goethe
unter Ziffer 5 eines längeren Berichts folgendes:

An den Großherzog.

5) Das Perpetuum mobile sende an Färber (Kustos der naturhistorischen Sammlung in Jena), welcher es im Zimmer der naturforschenden Gesellschaft aufhebt. Den Hofrat Voigt (Professor der Physik in Jena) ersuche unter Assistenz des Otteny (Hofmechanikus in Jena) um Aufstellung.

Randantwort des Großherzogs.

Das ist sehr gut; sehr neugierig bin ich auf den Effekt. Die Maschine heißt die Zambonische Säule[126]), sie verlangt aber ein im höchsten Grade horizontales Postament.

Die Aufstellung der Maschine mißglückte leider; hierüber berichtete Goethe am 29. Januar 1816 folgendes:

An den Großherzog.

Ew. Königlichen Hoheit überreiche ich ungern das Schreiben unseres guten Hofrats Voigt, welches die mißglückte Ankunft und also auch die mißlungenen Versuche mit dem Perpetuum mobile ankündigt. Nach der Relation haben sich die Auspackenden bei dem Geschäft gut und sorgfältig benommen. Der Voigtsche Brief ist in manchem Sinne belehrend, auch führt sehr oft ein mißglückter Versuch zu neuen Entdeckungen.

Randantwort des Großherzogs.

Du wirst wohl einige Taler daranwenden müssen, um die Maschine wieder instand zu setzen.

Am 4. April 1816 konnte Goethe dem Großherzog die beendigte Aufstellung der Maschine wie folgt melden:

Goethe an den Großherzog.

Ew. Königliche Hoheit ersehen gnädigst aus der Beilage die glückliche Wiederherstellung des galvanischen Pendels; die durch den Bruch der Säule genommene Einsicht in das Innere derselben ersetzt reichlich die wenigen Kosten; sie sollen aus der Museumskasse bezahlt werden. Wegen einer größeren solchen Säule, die Geheimer Hofrat Voigt wünscht, läßt sich wohl einmal mit den Professoren und dem Mechanikus Abrede nehmen.

Randantwort des Großherzogs.

Die Entdeckung ist die etlichen Thaler wert; ein größerer Apparat, recht einfach und wohlfeil konstruiert, würde vielleicht zu mehreren Kenntnissen führen.

Hierzu hat Goethe folgende Bemerkung gemacht: „Ist sogleich wegen ein paar größerer Säulen und deren Kostenbetrag mit Geheimen Hofrat Voigt kommuniziert worden."

Schließlich machte dieses elektrische Pendel noch folgende Korrespondenz erforderlich:

Goethe an den Großherzog.	Randantwort des Großherzog's.
Das Silberpapier zu der Zambonischen Säule hat in Jena noch nicht aufgetrieben werden können.	Da muß man eben Geduld haben und das Silberpapier einstweilen bestellen
Weimar, den 16. Mai 1816.|	Morgen abend komme ich nach Jena, wo ich Ew. Excellenz zu finden hoffe.
untertänigst	
Goethe.	Carl August.

Auch Goethes Sohn August, der seit April 1816 als Kammerrat in Weimar tätig war, hat ebenfalls Döbereiner öfters in technischen Angelegenheiten befragt. Eine besonders eigenartige Anfrage geben wir nachstehend wieder:

Weimar, den 18. Juli 1825.

Ew. Wohlgeboren

wegen nachstehender Frage hiermit anzugehen, werde hohen Orts veranlaßt.

Des Herzogs von Clarenin Königliche Hoheit haben Serenissimo die Notiz mitgeteilt, daß die Dampfschiffe große Seereisen nicht zu machen vermöchten, weil die Ruder in Salz oder gesalzenem Wasser beständig oder lange fortwährend bewegt sich entzündeten. Die Frage entsteht daher, ob in physisch-chemischen Experimenten etwas Analoges bekannt sei, woraus eine solche Folgerung gezogen werden könnte, worüber mir gefällige Mitteilung erbitte.

Bei dieser Gelegenheit mich angelegentlichst empfehlend

Ew. Hochwohlgeboren

ergebener Diener

J. A. W. von Goethe.

Hiermit schließen wir unsere Auswahl dieses eigenartigen Briefwechsels, der seine Ergänzung durch mündliche Aussprache

und durch Vorträge erfuhr, die Döbereiner vor der herzog=
lichen Familie hielt.

In dankbarem Gedenken an jenen Verkehr mit Goethe
stellte Döbereiner seinem im Jahre 1836 erschienenen Buche
„Zur Chemie des Platins in wissenschaftlicher und technischer
Beziehung" die Goetheschen Worte voran:

> Weite Welt und breites Leben,
> Lange Jahre, redlich Streben,
> Stets geforscht und stets gegründet,
> Nie geschlossen, oft geründet,
> Ältestes bewahrt in Treue,
> Freundlich aufgefaßtes Neue,
> Heitren Sinn und reinen Zweck:
> Nun! Man kommt wohl eine Streck.

Nachdem wir uns mit den Beziehungen Goethes zu der
Mathematik, der Physik und Chemie vertraut gemacht haben,
erscheint nunmehr ein kurzes Eingehen auf dessen größtes
physikalisches Werk, die F a r b e n l e h r e , angezeigt.

Die Farbenlehre oder, wie der Titel lautet, „Z u r F a r b e n =
l e h r e", ist nach dem „Faust" das größte Lebenswerk des
Olympiers, und die Behauptung, daß der, welcher dieses Werk
nicht kenne, auch Goethe nicht voll und ganz zu würdigen ver=
möge, hat eine erhebliche Berechtigung. Schon rein äußerlich
betrachtet nimmt es unter Goethes Werken eine ansehnliche
Stellung ein, umfaßt es doch in der im Jahre 1810 bei J. G. Cotta
in Tübingen erschienenen Ausgabe zwei Oktavbände, deren
erster 48 Seiten Vorwort und 650 Seiten Text, deren zweiter
28 Seiten Vorwort und 724 Seiten Text umfaßt; außerdem
gehören dazu noch 16 Tafeln in Quartformat, die bis auf fünf
koloriert sind. Das Namen= und Sachregister nimmt 33 Seiten
ein. Die Farbenlehre, der in den Jahren 1791 und 1792 bis
zu Goethes größtem Schmerz von seiten der Fachleute un=
beachtet gebliebenen „Beiträge zur Optik" vorangingen,
ist der Herzogin Luise, der Gemahlin des Herzogs Karl
August, gewidmet.

Den Anlaß, sich überhaupt mit dieser Materie zu befassen, hat Goethe in dem „Konfession" überschriebenen Kapitel dargelegt, er liegt in dem Bestreben Goethes, sich über gewisse Beziehungen zwischen der Dichtkunst und der bildenden Kunst klar zu werden. Hierbei kam er auch auf das Kolorit, die „Färbung", die, wie er aus Gesprächen mit Künstlern entnehmen zu müssen glaubte, dem Zufall überlassen war, „dem Zufall, der durch einen gewissen Geschmack, einen Geschmack, der durch Gewohnheit, eine Gewohnheit, die durch Vorurteil, ein Vorurteil, das durch Eigenheiten des Künstlers, des Kenners, des Liebhabers bestimmt wurde". Zwar kannte man „kalte" und „warme" Farben[127]), über das eigentliche Wesen der Farben vermochte aber kein Künstler die gewünschte Aufklärung zu geben. Da flüchtete Goethe zu den Gelehrten; allein das Studium der Kompendien der Physik befriedigte ihn ebenfalls nicht, und so entschloß er sich, die Phänomene nachzuprüfen. Zu diesem Zweck borgte er sich von dem Professor der Physik Büttner zu Jena die erforderlichen Apparate, insbesondere Prismen, um Newtons Prismenversuche nachzuprüfen. Bekanntlich hat der Mediziner Markus Marci[128]) zuerst die bereits von Seneca[129]) erkannten im Glase auftretenden Regenbogenfarben bei dem Durchgange eines Sonnenstrahls durch ein Glasprisma beobachtet. Newtons Verdienst, vgl. Abb. 31, ist es, nachgewiesen zu haben, daß das weiße Sonnenlicht aus verschieden gefärbten Strahlen, welche ungleich brechbar sind, zusammengesetzt ist; Newton wies des ferneren nach, daß eine Sammellinse, die aus dem Prisma austretenden farbigen Strahlen in ihrem Brennpunkt wieder zu weißem Licht vereinigt.

Diese Versuche Newtons wollte nun Goethe mit Hilfe der ihm von Büttner geborgten Instrumente nachprüfen, kam aber anderweiter Geschäfte halber nicht hierzu. Als Büttner seine wiederholten Mahnungen um Rückgabe der Instrumente unerfüllt sah, schickte er unverhofft seinen Famulus zu Goethe, um jene abzuholen. Dieser hatte schon den die Instrumente enthaltenden Kasten herausgegeben, als es ihm einfiel, schleunigst durch eines der Prismen hindurchzublicken. Er hatte aber

nicht einen Sonnenstrahl durch eine kleine Öffnung eines ver=
dunkelten Zimmers durch das Prisma fallen lassen, sondern
blickte direkt durch das Prisma auf eine weiße Wand. Er er=
wartete nun, nach seiner Auffassung der Newtonschen Lehre,
die ganze weiße Wand nach verschiedenen Stufen gefärbt zu
sehen. „Aber," so berichtet er, „wie verwundert war ich, als
die durchs Prisma angeschaute weiße Wand nach wie vor
weiß blieb, daß nur da, wo ein dunkles daran stieß, sich eine
mehr oder weniger verschiedene Farbe zeigte .... Es bedurfte
keiner langen Überlegung, so erkannte ich, daß eine Grenze

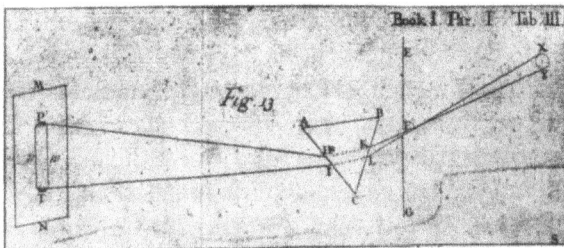

Abb. 31. Newtons Prismenversuch.

Aus der vierten Auflage (London 1730) von Isaac Newtons »Opticks or a Treatise
of the Reflections, Refractions, Inflections and Colours of Light«.

E G ein Fensterladen;
F Öffnung im Fensterladen;
A B C ein Glasprisma;
X Y die Sonne;
M N ein das Spektrum auffangen=
des Blatt Papier;
P T das Spektrum;

Y K H P von der Unterkante der Sonne
ausgehender, durch das Prisma
gebrochener Lichtstrahl;
X L I T von der Oberkante der Sonne
ausgehender, durch das Prisma
gebrochener Lichtstrahl.

notwendig sei, um Farben hervorzubringen, und ich sprach
wie durch einen Instinkt sogleich laut vor mich aus, daß die
Newtonsche Lehre falsch sei."

Goethe behielt nun die Büttnerschen Prismen zurück,
wiederholte den Versuch und kam selbstverständlich immer
zu denselben Ergebnissen. Diese teilte er verschiedenen be=
freundeten Physikern mit und mußte von diesen zu seinem
großen Erstaunen erfahren, daß die von ihm gemachten Be=
obachtungen mit Newtons Theorie vollkommen in Einklang
standen, aus dem einfachen Grunde, weil, wenn man durch

das Spektrum eine breite helle Fläche betrachtet, die Spektral=
farben der in der Mitte gelegenen Punkte derart übereinander=
fallen, daß sie Weiß ergeben. Nur an den Rändern treten die
Farben teilweise auf: an dem einen Rande blau und violett,
an dem andern gelb und rot. Leider war Goethe den Be=
lehrungen seiner Freunde unzugänglich, er hielt jene für im
Autoritätsglauben befangen und stellte in Anlehnung an die
Lehre des Aristoteles[130]) eine eigene Theorie auf, der zufolge
die Farben Mittelstufen zwischen Licht und Schatten (σκιερόν),
Halblichter oder Halbschatten, eine Abstufung oder Abklingung
des vollen farblosen Lichtes sind. Nach Newton ist das farb=
lose Licht ein Produkt der Farben, nach Goethe sind umgekehrt
die Farben Produkte aus dem farblosen Licht, „Taten des
Lichts, Taten und Leiden". Ein allgemein bekanntes Phänomen
möge hier erwähnt sein, das sich zwanglos auf Grund der
Goetheschen Theorie erklären läßt, die Bläue des Himmels.
Eigentlich müßte der unendliche Himmelsraum uns schwarz
erscheinen. Daß er uns blau erscheint, ist die Folge des Um=
standes, daß sich zwischen das Licht der Sonne und die
Finsternis des unendlichen Weltraumes ein sogenanntes
„trübes Mittel", der Dunst der Atmosphäre schiebt, der je
nach seiner Durchlässigkeit den Himmel mehr oder weniger blau
erscheinen läßt. Dieses Phänomen, die Wirkung der sogenannten
„trüben Mittel", bildet das Grundphänomen der Goetheschen
Farbenlehre.

Die Absicht, welche Goethe bei Herausgabe seiner Farben=
lehre verfolgte, ging dahin, die chromatischen Erscheinungen
in Verbindung mit allen übrigen Phänomenen zu betrachten,
sie besonders mit dem, was der Magnet, der Turmalin lehrt,
was Elektrizität, Galvanimus und chemischer Prozeß uns
offenbart, in eine Reihe zu stellen und so durch Terminologie
und Methode eine vollkommene Einheit des physischen Wissens
vorzubereiten. Er wollte dartun, „daß bei den Farben, wie
bei den übrigen genannten Naturerscheinungen, ein Hüben
und Drüben, eine Verteilung, eine Vereinigung, ein Gegensatz,
eine Indifferenz, kurz eine Polarität statthabe, und zwar in

einem hohen, mannigfaltigen, entschiedenen, belehrenden und fördernden Sinne".

Das ganze Werk ist eingeteilt in drei Teile, einen d i d a k = t i s c h e n , einen p o l e m i s c h e n und einen h i s t o r i s c h e n . Eine Unsumme von Arbeit ist hier niedergelegt. Wie hoch Goethe selbst sein Werk eingeschätzt hat, geht aus einer Äußerung hervor, die er am 19. Februar 1829 zu Eckermann tat: „Auf alles, was ich als Poet geleistet habe, bilde ich mir gar nichts ein. Es haben treffliche Dichter mit mir gelebt, es lebten noch trefflichere vor mir, und es werden ihrer nach mir sein. Daß ich aber in meinem Jahrhundert in der schwierigen Wissenschaft der Farbenlehre der einzige bin, der das Rechte weiß, darauf tue ich mir etwas zugute, und ich habe daher ein Bewußtsein der Superiorität über viele."

In der Einleitung tritt Goethe als vorahnender Apostel der Entwicklungstheorie auf, indem er ausführt: „Das Auge hat sein Dasein dem Licht zu danken. Aus gleichgültigen tierischen Hilfsorganen ruft sich das Licht ein Organ hervor, das seinesgleichen werde; und so bildet sich das Auge am Licht fürs Licht, damit das innere Licht dem äußeren entgegentrete. Hierbei erinnern wir uns der alten Jonischen Schule, welche mit so großer Bedeutsamkeit immer wiederholte: Nur von Gleichem werde Gleiches; wie auch der Worte eines alten Mystikers[131]), die wir in deutschen Reimen folgendermaßen ausdrücken möchten:

> Wär' nicht das Auge sonnenhaft,
> Wie könnten wir das Licht erblicken?
> Lebt' nicht in uns des Gottes eigne Kraft,
> Wie könnt' uns Göttliches entzücken?

Das, was Goethe gegen die Newtonsche Theorie einwendet, besteht im allgemeinen in folgendem: Während die Naturforscher der ältesten und mittleren Zeit einen freien Blick über die mannigfaltigen Farbenphänomene hatten und damit beschäftigt waren, eine vollständige Sammlung derselben aufzustellen, gründet Newton seine Theorie auf einen besonderen Fall. Er behauptet, in dem weißen farblosen Lichte, insbesondere in dem Sonnenlichte, seien mehrere verschiedenfarbige Lichter enthalten, deren Zusammensetzung das weiße Licht hervorbringe. Damit nun diese bunten Lichter zum Vor= schein kommen sollen, setzt er dem weißen Licht mancherlei Bedingungen entgegen: Brechende Mittel, welche das Licht von seiner Bahn ablenken; aber nicht in einfacher Vorrichtung. Er gibt den brechenden Mitteln allerlei Formen, den Raum, in dem er operiert, richtet er auf mannigfaltige Weise ein; er beschränkt das Licht durch kleine Offnungen, durch winzige Spalten, und nachdem ers auf hunderterlei Art in die Enge gebracht, behauptet er: alle diese Bedingungen hätten keinen andern Einfluß, als die Eigenschaften, die Fertigkeiten des Lichts rege zu machen, so daß sein Inneres aufgeschlossen und sein Inhalt offenbar werde. Im Gegensatz hierzu beginnt Goethes Theorie zwar auch mit dem farblosen Licht, sie be= dient sich auch äußerer Bedingungen, um farbige Erscheinungen hervorzubringen, sie gesteht aber diesen Bedingungen Wert und Würde zu. Sie maßt sich nicht an, Farben aus dem Lichte zu entwickeln, sie sucht vielmehr durch unzählige Fälle darzutun, daß die Farbe zugleich von dem Licht und von dem, was sich ihm entgegenstellt, hervorgebracht werde.

Keineswegs ist es die Brechung allein, welche die Farben= erscheinung verursacht; vielmehr ist noch die zweite Be= dingung zu erfüllen, daß die Brechung auf ein Bild wirkt und dieses von der Stelle wegrückt. Ein Bild entsteht nur durch Grenzen, und diese Grenzen übersieht Newton, ja er leugnet ihren Einfluß. Goethe aber schreibt dem Bilde sowohl als seiner Umgebung, der Fläche sowohl als der Grenze, der Tätigkeit sowohl als der Schranke vollkommen gleichen Einfluß zu. Es ist nichts anderes als eine Randerscheinung, und keines Bildes Mitte wird farbig, als insofern die farbigen Ränder sich berühren oder übergreifen.

Goethe unterscheidet drei Arten von Farben: die erste Art gehört dem Auge an und beruht auf einer Wirkung und Gegen= wirkung; es sind dieses die p h y s i o l o g i s c h e n oder u n = a u f h a l t s a m   f l ü c h t i g e n   F a r b e n. Die zweite Art sind diejenigen Farben, die wir an farblosen Mitteln oder durch deren Beihilfe gewahren; es sind dieses die physischen oder vorübergehenden, allenfalls verweilenden Farben. Die dritte Art umfaßt die den Gegenständen angehörigen oder chemischen Farben, also das, was man gewöhnlich unter Farben versteht, die dauernden Farben.

Die physiologischen Farbenerscheinungen sind subjektiver Natur. Hierher gehört in weiterem Sinne die Irradiation, welche helle Flächen auf dunklem Hintergrunde größer erscheinen läßt, als sie in Wirklichkeit sind. Zu ihnen gehören die Nachbilder, die wir wahrnehmen, wenn wir einen hellen Gegenstand, z. B. ein Fenster, betrachten und dann die Augen schließen. Schließlich gehören hierher die Kontrastwirkungen, die z. B. eine graue Fläche heller erscheinen lassen, wenn sie auf schwarzem Hintergrunde steht, als wenn sie auf weißem Hintergrunde steht. Goethe hat im Gegensatz zu dem Standpunkte der damaligen ärztlichen Wissenschaft zutreffend festgestellt, daß diese physiologischen Farbenerscheinungen mit pathologischen Symptomen z. B. mit der Farbenblindheit nichts gemein haben.

Unter den physischen Farben versteht Goethe diejenigen, die aus dem weißen Lichte durch physikalische Vorgänge erzeugt werden.

Unter den chemischen Farben (Pigmenten) versteht Goethe dasjenige, was man als Farben im engeren Sinne bezeichnet. Hierbei geht er davon aus, daß diese Farben mit den chemischen Bestandteilen des Körpers im Zusammenhange stehen.

Zur Erzeugung der Farbe ist nach Goethe Licht und Finsternis, helles und dunkles, Licht und Nichtlicht erforderlich. Dem Licht zunächst steht das Gelb, der Finsternis zunächst steht das Blau; sie sind Grundfarben. Mischen wir Gelb und Blau, so entsteht Grün. Dies ist also eine Mischfarbe, nicht, wie Newton behauptet, eine primäre Farbe. Gelb und Blau können aber auch jedes für sich eine neue Erscheinung hervorbringen, indem sie sich verdichten oder verdunkeln; ersteres gibt Rot, letzteres

Violett. Schließlich läßt sich das höchste Rot, Purpur erzielen, indem man Rot und Violett vereinigt. Es ergibt sich daher folgender F a r b e n k r e i s :

Purpur

Rot   Violett

Gelb   Blau

Grün

Hierin sind Blau und Gelb die G r u n d f a r b e n , Violett und Rot sind g e s t e i g e r t e F a r b e n , Grün und Purpur sind M i s c h f a r b e n .

Auch bei dem Betrachten farbiger Flächen folgen die Nach=bilder, Farben, in gesetzmäßiger Folge auf die erregenden Farben. Die Betrachtung von Rot gibt ein grünes, die Betrachtung von Hellgelb ein violettes, die Betrachtung von Dunkelgelb ein blaues Nachbild. Rotgrün und Gelbblau sind zwei komplementäre Farbenpaare, die sich als Kontraste „fordern". Hierzu tritt als drittes Paar Schwarz=Weiß hinzu. Man halte ein kleines Stück lebhaft farbigen Papiers vor einen weißen Hintergrund, schaue unverwandt auf die kleine farbige Fläche und hebe sie, ohne das Auge zu verrücken, nach einiger Zeit hinweg; alsdann werden wir auf dem weißen Hintergrunde eine andere Farbe, ein anders gefärbtes Nachbild sehen, und zwar „fordert" Gelb das Violett, Orange das Blau, Purpur das Grün und um=gekehrt. Goethe erzählt auf Grund eigener Beobachtung folgendes: „Als ich gegen Abend in ein Wirtshaus eintrat und ein wohlgewachsenes Mädchen mit blendendweißem Gesicht, schwarzen Haaren und einem scharlachroten Mieder zu mir ins Zimmer trat, blickte ich sie, die in einiger Entfernung vor mir stand, in der Halbdämmerung scharf an. Indem sie sich nun darauf hinwegbewegte, sah ich auf der mir entgegenstehenden weißen Wand ein schwarzes Gesicht, mit einem hellen Schein umgeben, und die übrige Bekleidung der völlig deutlichen Figur erschien in einem schönen Meergrün." — Blickt man eine Zeit=lang durch eine blaue Glasscheibe, so wird die Landschaft, wenn man die blaue Scheibe entfernt, wie von der Sonne beleuchtet erscheinen, auch wenn die Tagesbeleuchtung trübe ist. Betrachten wir Gegenstände durch eine grüne Brille, so werden uns dieselben, nachdem die Brille abgenommen ist, in einem rötlichen Schimmer erscheinen. Goethe hielt es nicht für zweckmäßig, zur Schonung der Augen grüne Gläser zu benutzen, weil „jede Farbenspezifikation dem Auge Gewalt antut und das Organ zur Opposition nötigt."

Die bisher aufgeführten Versuche zeigten, daß die entgegengesetzten Farben sich auf der Netzhaut des Auges einander sukzessive forderten. Diese gesetzmäßige Forderung besteht aber auch simultan, gleichzeitig. Malt sich auf einem Teil der Netzhaut ein farbiges Bild ab, so findet sich der übrige Teil sogleich in einer Disposition, die korrespondierenden Farben hervorzurufen. Beschaut man ein grünes Papier durch gestreiften oder geblümten Musselin hindurch, so werden die Streifen oder Blumen rötlich erscheinen. Auch die Purpurfarbe des bewegten Meeres ist eine „geforderte" Farbe; der beleuchtete Teil der Wellen erscheint grün in seiner eigenen Farbe, und der beschattete Teil in der entgegengesetzten purpurnen Farbe. Durch eine Öffnung roter oder grüner Vorhänge erscheinen die Gegenstände draußen in der geforderten Farbe. Helmholtz[132]) hat diesen sogenannten Simultankontrast als Urteilstäuschungen hingestellt und auf psychische Ursachen zurückgeführt; indessen hat in der neueren Zeit die Auffassung Goethes Anerkennung gefunden, die dahin geht, daß bei dem Simultankontrast, d. h. wenn auf einem Teile der Netzhaut ein farbiges Bild auftritt, der übrige Teil sogleich disponiert wird, den Eindruck der korrespondierenden Farben hervorzubringen.

Auch die sogenannten farbigen Schatten sind besondere Fälle der geforderten nebeneinander bestehenden Farben. Ein Schatten, von der Sonne auf eine weiße Fläche geworfen, gibt uns keine Empfindung der Farbe, solange die Sonne in ihrer völligen Kraft wirkt. Er erscheint schwarz, oder wenn ein Gegenlicht hinzudringen kann, schwächer, halb erhellt, grau. Zur Hervorrufung farbiger Schatten gehören zwei Bedingungen. Erstlich, daß das wirksame Licht auf irgendeine

Art die weiße Fläche färbe, zweitens, daß ein Gegenlicht den geworfenen Schatten auf einen gewissen Grad erleuchte. Man setze während der Dämmerung auf ein weißes Papier eine niedrig brennende Kerze; zwischen sie und das abnehmende Tageslicht stelle man einen Bleistift aufrecht, so daß der Schatten, welchen die Kerze wirft, von dem schwachen Tageslicht erhellt, aber nicht aufgehoben werden kann, und der Schatten wird im schönsten Blau erscheinen. Daß dieser Schatten blau ist, bemerkt man sofort; aber man überzeugt sich nur durch besondere Aufmerksamkeit, daß das weiße Papier als eine rötlich-gelbe Fläche wirkt, durch welchen Schein jene blaue Farbe im Auge gefordert wird. Als Goethe einst gegen Abend bei hohem Schnee vom Brocken hinabstieg, hatte er Gelegenheit, das Phänomen der farbigen Schatten in besonderer Pracht zu beobachten.

Diese kurzen Andeutungen mögen genügen, einen oberflächlichen Überblick über das Wesen der Goetheschen Farbenlehre zu geben. Abb. 32 gibt in nichtfarbiger Ausführung die kolorierte erste der der Farbenlehre beigefügten 16 Tafeln wieder. Fig. 1 zeigt den Farbenkreis oder das Farbenschema; alle durch den Kreis gelegten Durchmesser geben ohne weiteres die physiologisch geforderten Farben an. Fig. 2 stellt ein doppeltes Farbenschema dar; das äußere ist das der Fig. 1, das innere zeigt, wie nach Goethes Ansicht die mit Akyanoblepsie Behafteten, die Farbenblinden, die Farben sehen; hier fehlt das Blau. Die Farbenblinden sehen Gelb, Gelbrot und Reinrot wie die Normalsichtigen; Violett und Blau sehen sie wie Rosenrot, Grün wie Gelbrot. In Fig. 11 ist eine Landschaft so dargestellt, wie sie der Farbenblinde sieht, nämlich ohne Blau. Fig. 3 und 4 stellen die Bildung der sogenannten Höfe um leuchtende Punkte dar. Fig. 5 und 6 geben Vorrichtungen wieder, mit deren Hilfe man während der Morgen- und Abenddämmerung die farbigen Schatten beobachten kann. In Fig. 7 ist eine Weingeistflamme abgebildet; der obere Teil körperlich gelb und gelbrot, der untere Teil dunstartig, blau oder violett, wenn ein dunkler Hintergrund vorhanden ist. Fig. 8 stellt farbige Scheiben dar, die zur Prüfung auf Farbenblindheit dienen sollen. Die Freunde

Abb. 32. Nichtfarbige Wiedergabe einer der kolorierten Tafeln der „Farbenlehre".

1. Farbenkreis. 2. Doppelter Farbenkreis für Normalsichtige und Farbenblinde. 3. u. 4. Bildung der sogenannten Höfe um leuchtende Punkte. 5. u. 6. Vorrichtungen, mit deren Hilfe die farbigen Schatten beobachtet werden können. 7. Weingeistflamme. 8. Farbige zur Prüfung Farbenblinder dienende Scheiben. 9. Doppelbild eines schwarzen Streifen auf einer weißen Fläche. 10. Das Abklingen des blendenden Bildes. 11. Landschaft, wie sie der Farbenblinde sieht.

der Natur fordert Goethe auf, wenn ihnen solche Perſonen vorkommen ſollten, ſich entſprechende größere Papiermuſter zu verſchaffen und ihr Examen des Subjekts danach anzuſtellen. Fig. 9 gibt das Doppelbild wieder, das ein ſchwarzer Streifen auf einer weißen Fläche liefert, wenn er gegen ein mit blauem Waſſer gefülltes Gefäß, deſſen Boden ſpiegelartig iſt, gehalten wird; das Bild der unteren Fläche iſt blau, daß der oberen gelbrot. Wo beide Bilder zuſammentreffen, tritt Weiß und Schwarz ein. Fig. 10 ſtellt das Abklingen des blendenden Bildes dar, wenn das Auge ſich auf einen dunkeln oder auf einen hellen Grund wendet.

Goethe ſah den 16. Mai 1810, an welchem er ſich nach jahrzehntelanger Arbeit und nach beendigter Drucklegung der „Farbenlehre“ nach Böhmen begab, als einen glücklichen Befreiungstag an, ſo groß war die von ihm getane Leiſtung und ſo lebhaft das Streben, dieſe der Offentlichkeit zu unter= breiten, geweſen. Am 17. Juni deſſelben Jahres machte Riemer den Vorſchlag, Goethe möge die Farbenlehre, um ſie mehr zu populariſieren und beſonders den Frauen zugänglicher zu machen, zu einem Roman umarbeiten, etwa, wie F o n = t e n e l l e [133]) ſeine »Entretiens sur la Pluralité des Mondes« oder wie J o h n S c a f e die Geognoſie in dem Lehrgedicht »King Cool« behandelt hatte. Dieſe Idee fand zwar Goethes Beifall, iſt aber nicht zur Ausführung gelangt.

Im allgemeinen läßt ſich das Urteil über die „Farben= lehre“ dahin zuſammenfaſſen, daß ſie in ihrem phyſikaliſchen Teile verfehlt iſt, in ihrem phyſiologiſchen Teile, nach dem Zeugniſſe berühmter Fachleute, ſo z. B. J o h a n n e s M ü l l e r s [134]) und B i r c h o w s [135]), bahnbrechend gewirkt hat und in ihrem hiſtoriſchen Teile eine überaus große Fülle wertvollſten Materials enthält. Von beſonderem Intereſſe iſt, daß, wie E d e r in ſeiner klaſſiſchen „Geſchichte der Photographie“ mitteilt, S e e = b e c k, auf Anregung Goethes der Entdecker der Photographie in natürlichen Farben auf Chlorſilber geworden iſt, abgeſehen von Senebier [136]), der aber weitaus weniger genaue Angaben über die Photochromie auf Chlorſilber machte.

Ein überaus eifriger Verfechter der Goetheschen Farben=
lehre war Schopenhauer[137]), der mit donnernder Ent=
rüstung gegen die „Leute vom Fach" eiferte. Dasselbe gilt von
Hegel[138]), der sich dahin äußerte, daß, wenn die Physiker
sich nicht zu Goethes Farbenlehre bekennen wollten, der Grund
hierfür darin gelegen habe, daß die Gedankenlosigkeit und
Einfältigkeit, die man eingestehen sollte, gar zu groß gewesen
sei. Von Interesse ist die Tatsache, daß der Repetent der Philo=
sophie an der Universität zu Berlin, Leopold von Hen=
ning[139]) mehrere Jahre hindurch Vorlesungen über die
Farbenlehre Goethes gehalten hat; im Jahre 1822 veröffent=
lichte er eine „Einleitung zu öffentlichen Vorlesungen über
Goethes Farbenlehre."

Mehr oder weniger scharf ablehnend sprachen sich Dove[140]),
Tyndall[141]), Helmholtz und Du Bois=Reymond[142])
aus. Tyndall bezeichnet Goethes Methoden „als der Physik
und der physikalischen Wissenschaft" völlig fremd. Du Bois =
Reymond erblickt in Fausts Klage

> Geheimnisvoll am lichten Tag
> Läßt sich Natur des Schleiers nicht berauben,
> Und was sie deinem Geist nicht offenbaren mag,
> Das zwingst du ihr nicht ab mit Hebeln und mit Schrauben

den Ausfluß der Abneigung Goethes gegen das Experiment
und seiner Geringschätzung der schulmäßigen Bemühungen
des Physikers. Er schreibt dem Magus die Schuld zu, wenn
ihm die Instrumente die Antwort schuldig blieben, und nicht
minder wahr sei es, daß Faust, statt an den Hof zu gehen, un=
gedecktes Papiergeld auszugeben und zu den Müttern in die vierte
Dimension zu steigen, besser getan hätte, Gretchen zu heiraten,
sein Kind ehrlich zu machen und Elektrisiermaschinen und Luft=
pumpen zu erfinden, wofür ihm dann an Stelle des Magde=
burger Bürgermeisters gebührender Dank zuteil geworden wäre.

Leider hat Goethe seine Theorie gegenüber Newton in
zahlreichen Äußerungen, in Poesie und Prosa, mit einer der=
artigen beleidigenden Schärfe verfochten, daß er sich schon
hierdurch zahlreiche Gegner schuf.

Nachstehend lassen wir einige der markantesten dieser Äußerungen folgen:

Spaltet nur immer das Licht! Wie öfters strebt ihr zu trennen,
Was euch allen zum Trutz eins und ein einziges bleibt.
Neu ist der Einfall doch nicht, man hat ja selber den höchsten
Einzigsten reinen Begriff Gottes in Teile geteilt.

Weiß hat Newton gemacht aus allen Farben. Gar manches
Hat er euch weiß gemacht, das ihr ein Säkulum glaubt.

Katzenpastete.

(Newton als Physiker.)

Bewährt den Forscher der Natur
  Ein frei und ruhig Schauen;
So folge Meßkunst seiner Spur
  Mit Vorsicht und Vertrauen.
    Zwar mag in e i n e m Menschenkind
Sich beides auch vereinen;
Doch daß es zwei Gewerbe sind,
Das läßt sich nicht verneinen.

    Es war einmal ein braver Koch,
Geschickt im Appretieren;
Dem fiel es ein, er wollte doch
Als Jäger sich gerieren.
    Er zog bewehrt zu grünem Wald,
Wo manches Wildbret hauste,
Und einen Kater schoß er bald,
Der junge Vögel schmauste.
    Sah ihn für einen Hasen an
Und ließ sich nicht bedeuten,
Pastetete viel Würze dran
Und setzt' ihn vor den Leuten.
    Doch manche Gäste das verdroß,
Gewisse feine Nasen:
Die Katze, die der Jäger schoß,
Macht nie der Koch zum Hasen.

Exempel.

Schon ein Irrlicht sah ich verschwinden, dich, Phlogiston. Balde,
O Newtonisch Gespenst! folgst du dem Brüderchen nach.

Wenn ich mich auch beim Urphänomen zuletzt beruhige, so ist es doch eine Resignation; aber es bleibt ein großer Unterschied, ob ich mich an den Grenzen der Menschheit resigniere oder innerhalb einer hypothetischen Beschränktheit meines bornierten Individuums.

Es lehrt ein großer Physikus
Mit seinen Schulverwandten:
»Nil luce est obscurius!«
Ja wohl! für Obskuranten.

Wiederholung.

Hundertmal werd ichs euch sagen und tausendmal: Irrtum ist Irrtum!
Ob ihn der größte Mann, ob ihn der kleinste beging.
Wer glaubts? Newton hat sich geirrt? Ja! doppelt und dreifach!
                                                    Und wie denn?
Lange steht es gedruckt, aber es liest es kein Mensch.

Hauy[143]) gehört zu den wiederkäuenden Tieren wie die Newtonianer sind, bei denen der Schlund sich in lauter aufeinanderfolgende Magen zusammenfaltet. Das Newtonische Heu schlucken sie hinunter, aber sie können es im Magen weder verdauen noch sonst los werden. Sie ruminieren es also durch alle Magen herauf und können es immer nicht digerieren, dahingegen andere edle Tiere das ihrem Magen Widerspenstige gleich von sich geben. Hauy müßte man in ein Ragout zerpflücken (diszerpieren) und ihn recht zierlich auf einem silbernen Teller über einer Lampe à la ..... zurecht machen.

Meine Schrift über die Farbenlehre kommt mir vor wie eine Purganz, die bei den Leuten das Innere rege macht.

Die Newtonische Optik, dieser Micmac von Kraut und Rüben, wird endlich einer gebildeten Welt auch so ekelhaft vorkommen, wie mir jetzt.

Freunde, flieht die dunkle Kammer,
Wo man euch das Licht verzwickt
Und mit kümmerlichstem Jammer
Sich verschrobnen Bilden bückt.
Abergläubische Verehrer
Gab's die Jahre her genug,
In den Köpfen eurer Lehrer
Laßt Gespenst und Wahn und Trug.

Wenn der Blick an heitern Tagen
Sich zur Himmelsbläue lenkt,
Beim Siroc der Sonnenwagen
Purpurrot sich niedersenkt,
Da gebt der Natur die Ehre,
Froh, an Aug' und Herz gesund,
Und erkennt der Farbenlehre
Allgemeinen ewigen Grund.

Das wirst du sie nicht überreden,
Sie rechnen dich ja zu den Blöden,
Von blöden Augen, blöden Sinnen;
Die Finsternis im Lichte drinnen,
Die kannst du ewig nicht erfassen;
Mußt das den Herren überlassen,
Die's zu beweisen sind erbötig.
Gott sei den guten Schülern gnädig!

Mit widerlegen, bedingen, begrimmen
Bemüht und brüstet mancher sich;
Ich kann daraus nichts weiter gewinnen,
Als daß er anders denkt wie ich.

Möget ihr das Licht zerstückeln,
Farb' um Farbe draus entwickeln
Oder andre Schwänke führen,
Kügelchen polarisieren,
Daß der Hörer ganz erschrocken
Fühlet Sinn und Sinne stocken:
Nein! Es soll euch nicht gelingen,
Sollt uns nicht beiseite bringen;
Kräftig wie wir's angefangen,
Wollen wir zum Ziel gelangen.

Herkömmlich.

Priester werden Messe singen,
Und die Pfarrer werden pred'gen;
Jeder wird vor allen Dingen
Seiner Meinung sich entled'gen
Und sich der Gemeine freuen,
Die sich um ihn her versammelt,
So im Alten wie im Neuen
Ohngefähre Worte stammelt.
Und so lasset auch die Farben
Mich nach meiner Art verkünden,
Ohne Wunden, ohne Narben,
Mit der läßlichsten der Sünden.

Ist erst eine dunkle Kammer gemacht
Und finster wie eine ägyptische Nacht,
Durch ein gar winzig Löchlein bringe
Den feinsten Sonnenstrahl herein,
Daß er dann durch das Prisma bringe:
Alsbald wird er gebrochen sein.
Aufgedröselt, bei meiner Ehr',
Siehst ihn, als ob's ein Stricklein wär',
Siebenfarbig statt weiß, oval statt rund.
Glaube hierbei des Lehrers Mund:
Was sich hier auseinanderreckt,
Das hat alles in einem gesteckt.
Und dir, wie manchem seit hundert Jahr,
Wächst darüber kein graues Haar.

Es wird eine Zeit kommen, wo man eine pathologische Experimentalphysik vorträgt und alle jene Spiegelfechtereien ans Tageslicht bringt, welche den Verstand hintergehen, sich eine Überzeugung erschleichen und, was das Schlimmste daran ist, durchaus jeden praktischen Fortschritt verhindern. Die Phänomene müssen ein für allemal aus der düsteren, empirisch-mechanisch-dogmatischen Marterkammer vor die Jury des gemeinen Menschenverstandes gebracht werden.

Daß Newton bei seinen prismatischen Versuchen die Öffnung so klein als möglich nahm, um eine Linie zum Lichtstrahl bequem zu ſymboliſieren, hat eine unheilbare Verwirrung über die Welt gebracht, an der vielleicht noch Jahrhunderte leiden. Durch dieſes kleine Löchlein ward Malus [144]) zu einer aben=teuerlichen Theorie getrieben (der Polariſation des Lichtes). —

So ganz leere Worte, wie die von der Dekompoſition und Polariſation des Lichtes[145]), müſſen aus der Phyſik hinaus, wenn etwas aus ihr werden ſoll. Doch wäre es möglich, ja es iſt wahrſcheinlich, daß dieſe Geſpenſter noch bis in die zweite Hälfte des Jahrhunderts hinüberſpuken.

Der Newtoniſche Irrtum ſteht ſo nett im Konverſations=Lexikon, daß man die Oktavſeite nur auswendig lernen darf, um die Farbe fürs ganze Leben los zu ſein.

Als Schiller im Jahre 1789 nach Weimar berufen war, ließ er ſich von dem weitgereiſten und welterfahrenen Goethe über Natur, Kunſt, Leben und Weltereigniſſe unterrichten; ging doch, wie Riemer berichtet, ſeine Weltfremdheit ſoweit, daß der Dichter des „Taucher" und des „Gang zum Eiſenhammer" nie einen Strudel und einen Eiſenhammer geſehen hatte. Auf Schillers Anteilnahme an Goethes phyſikaliſchen Arbeiten dürfte u. a. auch folgende der Schillerſchen Sprachweiſe etwas fern liegende Wendung zurückzuführen ſein, die er gebrauchte, als er im Jahre 1799 nach Weimar überſiedelte, während Goethe nach Jena gezogen war: „Die Pole unſerer magnetiſchen Stange haben ſich jetzt umgekehrt und was Norden war, iſt jetzt Süden." Dieſe Kenntnis der magnetiſchen Kräfte hat nicht zu verhindern vermocht, daß Schiller den Blitzableiter[146]) ſchon bei den Zeitgenoſſen Wallenſteins vorausgeſetzt hat, indem er in den „Piccolomini" dem die Macht Wallenſteins preiſenden Butler die Worte in den Mund legt:

> Und wie des Blitzes Funke, ſicher, ſchnell,
> Geleitet an der Wetterſtange, läuft,
> Herrſcht ſein Befehl.

Nach Schillers Tode erhielt Goethe einige Hefte der Farben=
lehre zurück, die er jenem zur Durchsicht gegeben hatte, um sie
auf Übereinstimmung mit Kants Anschauungen zu prüfen.
Hierzu bemerkte er in den „Tag= und Jahresheften": „Was er
bei den angestrichenen Stellen einzuwenden gehabt, konnte ich
mir in seinem Sinne deuten, und so wirkte seine Freundschaft
noch fort, als die meinige unter die Lebenden sich gebannt sah."

Angesichts der gewaltigen Entwicklung, die in der neuesten
Zeit die Photographie in natürlichen Farben genommen hat,
ist von Interesse, daß Goethe im ersten Bande der Farbenlehre
einen neun Paragraphen umfassenden Abschnitt den physischen
und chemischen Wirkungen farbiger Beleuchtung gewidmet und
in den Anhang Seebecks diesbezügliche bahnbrechende auf Seite
140 erwähnte Arbeiten aufgenommen hat.

Der ersten Pflanzstätte technischer Wissenschaften, dem
Collegium Carolinum zu Braunschweig, waren im Laufe der
Jahre weitere technische Lehranstalten gefolgt. Für Deutschland
war in dieser Beziehung das Vorgehen Preußens von besonderer
Bedeutung. Hier rief Beuth[147]), Abb. 33, der Schöpfer des
preußischen Gewerbfleißes, das Berliner Gewerbeinstitut, den
Vorläufer der jetzigen Technischen Hochschule zu Berlin, ins
Leben.

Die Beziehungen, welche zwischen Goethe und Beuth
bestanden haben, sind aus der von Goethe ausgeübten Ober=
aufsicht über die sogenannten unmittel=
baren wissenschaftlichen Anstalten entsprungen.
In dieser seiner Eigenschaft hatte Goethe die unter Beuths
Auspizien von der technischen Deputation für Handel und
Gewerbe auf Befehl des Preußischen Ministers für Handel
und Gewerbe herausgegebenen „Vorbilder für Fabri=
kanten und Handwerker" kennen gelernt und sich
über diese in anerkennendster Weise geäußert. Zunächst waren
im Jahre 1821 folgende drei Abteilungen dieser Vorbilder
herausgegeben: architektonische und sonstige Verzierungen, Ge=
räte und Gefäße, Wirkerei. An der Herstellung dieser Vorbilder

waren beteiligt der Konduiteur M a u ch , der Geheime Ober=
baurat S ch i n k e l und die Kupferstecher P r ê t r e und
J u n k e.

Später gelangten dann noch andere Vorbilder, so für
Zimmerleute und andere Handwerker, sowie für Maschinenbauer
zur Ausgabe. Goethe hat diese Vorbilder in „Kunst und Alter=
tum" sehr günstig beurteilt. Auch in den „Tag= und Jahres=
heften" vom Jahre 1821 rühmt er dieselben mit folgenden
Worten: „Von Berlin kamen uns Musterblätter für Hand=
werker, die auch wohl jedem Künstler willkommen sein mußten.
Der Zweck ist edel und schön, einer ganzen, großen Nation das
Gefühl des Schönen und Reinen auch an unbelebten Formen
mitzuteilen; daher ist an diesen Mustern alles musterhaft: Wahl
der Gegenstände, Zusammenstellung, Folge und Vollständigkeit,
Tugenden, welche zusammen diesem Anfange gemäß, sich in
den zu wünschenden Heften immer mehr offenbaren werden."

Auch die später erschienenen Hefte fanden Goethes rück=
haltlosen Beifall. So spricht er sich zu dem „Programm zur
Prüfung der Zöglinge der Gewerkschule zu Berlin im Jahre 1828"
wie folgt aus: „Schon mehrere Jahre bewundern und benutzen
wir die durch Herrn B e u t h herausgegebenen Musterblätter,
welche mit so viel Einsicht als Aufwand zum Vorteil der preußi=
schen Gewerbeschulen verbreitet werden; nun erfahren wir, daß
abermals 37 Kupfertafeln für Zimmerleute, 9 Vorlageblätter
für angehende Mechaniker, beide Werke mit Text ausgegeben
werden. Gedachtes Programm belehrt uns von der umfassenden
Sorgfalt, womit jener Staat sich gegen die unaufhaltsam fort=
strebende T e ch n i k unserer Nachbarn ins Gleichgewicht zu
stellen trachtet, und wir haben die Wirksamkeit eines solchen
Unterrichts auch an einigen der Unsern erfahren, welche man
dort gastlich aufzunehmen die Geneigtheit hatte. — Den Empfang
dieser Hefte bestätigte Goethe in zwei Dankesschreiben, deren
eines an den General von Lestocq, deren anderes an die „Sektion
für Handel, Gewerbe und Bauwesen im Ministerium des
Innern nach Berlin" gerichtet war. Beide Schreiben datieren
vom 5. April 1829, also aus Goethes 80. Lebensjahr.

Die bahnbrechende Tätigkeit Beuths hatte auf Goethe
einen so tiefgehenden Eindruck gemacht, daß er ihn in einer
eigenartigen Angelegenheit um seine Beihilfe anging, die ihm

Abb. 33. Rauchs Büste Peter Christian Wilhelm Beuths.
Nationalgalerie zu Berlin.

außerordentlich am Herzen lag. Seit Jahren hatte sich die
Beschaffung der für die Anatomien erforderlichen Leichen immer schwieriger gestaltet oder,
wie Goethe sich ausdrückte, es war eine immer wachsende

Seltenheit von Leichen, die man dem anatomischen Messer
barbieten könnte, eingetreten. Die Ursache lag in der ver-
minderten Ausführung der Todesstrafe. Infolgedessen suchte der 83 jährige Goethe durch ein längeres vom
4. Februar 1832 datiertes Schreiben Beuth für die plastische
Anatomie zu interessieren, d. h. für die Herstellung von
Imitationen anatomischer Präparate. Goethe wies darauf hin,
daß diese plastische Anatomie seit langen Jahren in Florenz in
einem hohen Grade ausgebildet sei und auch schon in Braunschweig und Dresden, wo man plastische Nachbildungen des
Gehirns und des Ohres herstellte, Nacheiferung gefunden habe.
Auch an der Universität Jena waren anatomische Präparate
aus Wachs von einem Dozenten Namens Martens hergestellt.

Er selbst hatte sich bereits in den Jahren 1804 und 1807
mit der Schaffung von Anschauungsmodellen für den geo-
gnostischen Unterricht beschäftigt, war hiervon aber abgekommen,
weil er kein hinreichendes Entgegenkommen der Fachleute fand.

Als Goethe noch mit der Abfassung des an Beuth gerichteten
Schreibens beschäftigt war, fiel ihm ein Artikel in die Hände,
der über eine Londoner Mordgesellschaft, die sogenannte Resur-
rektionisten- oder Auferstehungsbande berichtete. Diese Gesellschaft versorgte unter Führung eines alten Seemanns namens
Bishop die Anatomien mit Leichen in der Weise, daß sie
ihre Opfer erstickte und nach der Beerdigung wieder auferstehen
ließ. Auch in Edinburg trieb eine solche Bande ihr unheimliches
Wesen. Die Londoner Auferstehungsmänner wurden ergriffen
und hingerichtet, wobei sie fast gelyncht wären.

Einige Wochen später wandte sich Goethe in derselben
Angelegenheit auch an Rauch[148]), indem er sich auf seinen an
Beuth gerichteten Brief berief. Dieser Brief datiert vom
20. Februar 1832, dürfte also einer der letzten sein, den Goethe
entsandte, bevor er von der Todeskrankheit befallen wurde.
Hier betonte Goethe ausdrücklich, daß ihm außer Berlin das Gelingen unmöglich erscheine. Eigentümlich berührt es uns, wenn
der 83 jährige Olympier in diesem Briefe gesteht, daß er bei seinem

Bestreben, die plastische Anatomie, die er als eine kosmopolitische
Angelegenheit ansah, zu fördern, sich „fast zum ersten Male auf
propagandistischem Wege findet". „Es scheint," so fügt er hinzu,
„das Alter wird ungeduldig, wo die Jugend langmütig war."

Ob und inwieweit Beuth und Rauch der plastischen Ana=
tomie näher getreten sind, ist nicht festzustellen.

Wie der zwischen Goethe und Zelter gepflogene Brief=
wechsel erkennen läßt, fand übrigens zwischen jenem und
Beuth auch ein lebhafter Austausch von Kunstgegenständen
statt.

Zu denjenigen Briefen, welche während Goethes Todes=
krankheit eintrafen und nach seinem Ableben geöffnet wurden,
gehörte auch ein Brief Wilhelm von Humboldts, der Goethe
eine Zeichnung der von Schinkel für die Humboldtsche Be=
gräbnisstätte in Tegel entworfenen Säule übersandte.

Karl August und Goethe haben es sich angelegen sein lassen,
neben der an der Universität Jena eingeleiteten Pflege der
technischen Wissenschaften auch Unterrichtsstätten für Gewerbe=
treibende einzurichten. Der Herzog hatte auf seinen Reisen in
England und Frankreich sich überzeugt, „wie die Technik in
Jhro Landen ungeachtet manches im einzelnen sich hervor=
tuenden Talents noch gar sehr zurück sei; genannte Nationen
hingegen uns durch wohlangewendete Zeit höchst überlegen
geworden". Er schlug am 27. November 1798 Goethe vor, durch
Dr. Scherer ein Publicum gratis von populärer Chemie für
Handwerksleute, als da sind Brauer, Brenner, Färber, Gerber
und dergleichen mehr, halten zu lassen.

Um eine Persönlichkeit im Lande zu haben, die von den
großen Unternehmungen und Fortschritten des Auslandes unter=
richtet sei und technische Angelegenheiten beurteilen könne, ließ
man den Talent und Neigung für Mathematik und deren
Anwendung beweisenden jungen Georg Karl Kirchner
in München und Berlin studieren. Nach seiner Rückkunft mußte
dieser sich einer Prüfung durch die Jenenser Professoren Wahl
und Döbereiner unterziehen. Nach Karl Augusts Tode
schlug Goethe auch dessen Nachfolger vor, Kirchner, der die

Prüfung glänzend bestanden hatte, nochmals auf Reisen zu
schicken, da er beabsichtigte, eine Gewerkschule zu begründen
und an dieser Kirchner als Lehrer für Technologie und Maschinen-
bau anzustellen. Am 3. April 1829 legte der Oberbaudirektor
Coudray Goethe einen Plan für die von Kirchner nach
Paris zu unternehmende, auf ein Jahr bemessene Studienreise
vor; derselbe fand die Genehmigung Goethes.

Am 10. April 1829 berichtete Goethe an die Großherzogin
über die „Technische Schule", die „Sonntags-Nachhilfs-Vor-
bereitungs-Schule" und die „Freizeichenschule" wie folgt:

Ihrer Kaiserlichen Hoheit der Frau Groß-
herzogin-Großfürstin.

Ew. Kaiserl. Hoheit vergönnen, nach schuldigster Rück-
sendung der gnädigst mitgeteilten Akten folgende Bemerkung.

Es geht nämlich aus denselben deutlich hervor, daß man
sich über das zu unternehmende Geschäft noch nicht genügsam
aufgeklärt und über die Art, wie und zu welchem Zweck die
fragliche Anstalt einzurichten sei, sich noch nicht vereinigt habe.
Diese Angelegenheit nun einigermaßen einzuleiten, habe ich
umstehend eine tabellarische Ansicht versucht, woraus die
Differenz leichter zu ersehen ist, indem die verschiedenen
Forderungen, Einrichtungen und Beschränkungen abgesondert
nebeneinandergestellt sind.

Weimar, 10. April /1829.

Untertänigst
Goethe.

Bürgerschule.

Diese ist in dem neuen Schulgebäude vollkommen zustande;
ihre Einrichtung ist bekannt und bedarf daher gegenwärtig keiner
weiteren Ausführung. Sie hat an Herrn M. Schweitzer einen
tüchtigen Direktor, ist dem Stadtrat untergeordnet; die Oberaufsicht führt das Oberkonsistorium. Sie steht und besteht ganz
für sich und wird hier als Fundament der folgenden Anstalt
aufgeführt und betrachtet.

Technische Schule.

Hier wird alles vorausgesetzt, was man von der vorhergehenden Vorbereitungsschule erwarten kann; Lesen, Schreiben,
Rechnen. Ohne diese Kenntnisse und Eigenschaften könnte
niemand eintreten, denn man müßte unaufhaltsam auf Beförderung einer vollkommenern Technik losgehen.

Höheres gewandteres Rechnen, Geometrie in ihren Ele-
menten und Darstellungen hierdurch sich nötig machender
Zeichnungen, erst im allgemeinen, sodann was sich auf jedes
Handwerk im besondern bezieht.

Bei näherer Betrachtung ersieht man nun, daß die am
Bauen teilnehmenden Gewerke hier vorzüglichen Teil haben,
deren jedoch sehr viele sind, Maurer, Zimmerleute, Tischler,
Mechaniker überhaupt, Tüncher, Schlosser, Tapezierer, wozu
man noch so manche vorbereitende und nachhelfende Handwerker
heranziehen kann. Hieraus ergibt sich, daß der Oberbaubehörde
diese Klasse untergeben werden müßte. Denn in erster und
letzter Instanz sind bei ihr die Prüfungen vorzunehmen, ihre
Mitglieder können mit Lehre und Anweisung darinnen wirken,
sie steht mit den übrigen Behörden in genauer Verbindung und
kann daher gar leicht in jedem Falle durch Mitteilungen, Be-
ratungen und Auskunft das Vorkommende vermitteln.

Sonntags - Nachhilfs - Vorbereitungs - Schule.

Wird eingerichtet zugunsten der jüngeren Handwerker,
welche die in dieser Schule mitgeteilten Lehrgegenstände zu
nutzen durch Arbeitsverpflichtungen in der Woche gehindert
werden. In diesem Sinne würde sie eine Sonntagsschule zu
nennen sein.

Hier nun wäre zu überlegen, was man in dieser Schule
auch noch als Vorbereitung zu einer künftigen höheren
Technik lehren und überliefern wolle, in welchem Sinne sie
eine Nachhilfs- und Vorbereitungsschule genannt zu werden
verdiente. Sie würde, da man das Lokal der Bürgerschule hiezu
schon vorläufig angedeutet hat, auch der würdige Direktor der-

selben, unter Anleitung eines löblichen Stadtrats, sich einer solchen Anstalt schon geneigt erwies, allerdings unter den An= ordnungen des letzteren stehen, auch immer als angeschlossen an die Bürgerschule zu betrachten sein. Aus dieser Schule würden, nach vorausgegangenem Examen, Lehrlinge in die folgende aufgenommen.

Freie Zeichenschule.

In derselben wird seit langen Jahren gelehrt: freie Zeich= nung nach menschlicher und tierischer Gestalt, nicht weniger Landschaften und Blumen, auch kunstreiche Zierraten und Ge= fäße. Ferner Anfangsgründe der Baukunst, wozu man auch Anleitung zum Modellieren gar wohl hinzufügen könnte.

Diese Schule besteht schon längst verbunden mit den übrigen unmittelbaren Anstalten unter Oberaufsicht des Unterzeichneten. Sie würde vorerst den sämtlichen Schülern vorgemeldeter Schul= bezirke unter herkömmlichen Bedingungen und nach Maßgabe des Raumes wie allen andern offen stehen. Hätten sich jedoch die vorstehenden Anstalten erst gegründet und eingerichtet, so würde man denen dabei noch übrigbleibenden Bedürfnissen gern entgegenkommen und auf eine schon zum voraus über= legte Weise das allgemein anerkannte Gute zu fördern trachten.

Auch die Organisation des Handwerks bildete den Gegenstand besonderer Sorge Karl Augusts und Goethes. Letzterer bringt wiederholt zum Ausdruck, welch hohen Grad von Wirkung die Kunst in Verbindung mit den Wissenschaften, dem Handwerk und den Gewerben in einem Staate hervorbringt.

„Klassizismus und Romantizismus", so äußerte er sich, „Innungszwang und Gewerbsfreiheit, Festhalten und Zer= splittern des Grundbodens, es ist immer derselbe Konflikt, der zuletzt wieder einen neuen erzeugt. Der größte Verstand der Regierenden wäre daher, diesen Kampf so zu mäßigen, daß er ohne Untergang der einen Seite sich ins gleiche stellte; dies ist aber den Menschen nicht gegeben, und Gott scheint es auch nicht zu wollen."

Wie eingehend Goethe sich in Spezialfälle vertiefte und mit welcher Sorgfalt er die Verhältnisse abwog, geht u. a. aus einem an den Herzog am 18. Februar 1789 gerichteten Schreiben hervor: „Mit Schmidt [149]) habe ich ein langes Gespräch in der Komödie gehabt. Es ist im Werke, daß man dem Seiler Wächter neben der Buchholzen die Erlaubnis, Schläuche zu verfertigen, geben will, wir fürchten beide, es werde die Operation dem Gewerbe mehr schaden als nützen. Es ist nicht so ausgebreitet, daß mehrere Personen mit entschiedenem Vorteil sich darin sollten teilen können. Die Konkurrenz wird geringere Preise erzwingen, die Fremden werden davon profitieren, und die Ware wird wahrscheinlich geringer und beide reiben sich auf. Die Buchholz ist betriebsam und verdient wohl, daß man auf ihre Erhaltung denke und ihr einigen Vorteil gönne, um so mehr, als sie nicht schuldenfrei, ja der Kriegskasse noch 700 schuldig ist, die sie richtig verinteressiert und nach und nach abzutragen sucht. Käme sie zurück, so bliebe nichts übrig, als ihr väterlich Haus anzuschlagen und eine Person zugrunde zu richten, die sich bisher wacker gehalten hat und deren Unternehmungen eine Folge und Glück hatten."

Über das Handwerk sind folgende Äußerungen Goethes bemerkenswert.

„Jeder Handwerker scheint mir der glücklichste Mensch; was er zu tun hat, ist ausgesprochen; was er leisten kann, ist entschieden; er besinnt sich nicht bei dem, was man von ihm fordert; er arbeitet, ohne zu denken, ohne Anstrengung und Hast, aber mit Applikation und Liebe, wie der Vogel sein Nest, wie die Biene ihre Zellen herstellt; er ist nur eine Stufe über dem Tier und ist ein ganzer Mensch. Wie beneide ich den Töpfer an seiner Scheibe, den Tischler hinter seiner Hobelbank!"

In „Hermann und Dorothea" („Polyhymnia") heißt es:

Und Heil dem Bürger des kleinen Städtchens, welcher ländlich Gewerb und
Bürgergewerb paart!
Auf ihm liegt nicht der Druck, der ängstlich den Landmann beschränket,
Ihn verwirrt nicht die Sorge der vielbegehrenden Städter.

Bei der Herzogin Anna Amalia wurden am 16. Januar 1806 Zeichnungen Tischbeins[150]) betrachtet. Unter dem Lobe, das ihnen Goethe erteilte, sprach er, wie Riemer berichtet, viel von Talent und Übung in der Kunst, welche durchaus zu ehren und zu preisen wäre, sollte es auch nur an dem Manne sein, welcher einst vor Alexander dem Großen Hirsekörner durch ein Nadelöhr geworfen hätte. Es war artig, wie Wieland[151]) noch lange ruhig zuhörte und endlich gleich wieder bei den Hirsekörnern anfing, welche Kunst er so dumm und albern fand, daß er den Mann noch ganz besonders hätte strafen lassen, weil er so unendlich viel Zeit darauf verwendet hätte. Alle Künste der Technik, wodurch die Engländer sich auszeichneten, behauptete Goethe, wären durch diese Geduld und Anhaltsam= keit entstanden, und Alexander als Monarch hätte ganz unrecht gehabt, den Mann so verächtlich zu behandeln; er hätte vielmehr zu den Umstehenden sagen sollen: „Seht! Dieser Mann hat es durch außerordentliche Geduld und Übung zu solch einer Fertigkeit gebracht; könntet ihr es nicht in etwas Gescheiterem auch so weit bringen?"

Die Erfindung des Luftballons erregte, wie wir bereits auf Seite 18 hervorhoben, im höchsten Maße Goethes Interesse, das sich sofort in die Tat umsetzte.

Am 5. Juni 1783 traten die Gebrüder Montgolfier zum ersten Male in ihrem Heimatsorte Annonay vor die Öffentlich= keit, indem sie einen kugelförmigen, durch ein Feuer aus Stroh und Wolle gefüllten, aus Papier und Leinwand hergestellten Ballon in die Lüfte steigen ließen.

Am 29. August 1783 ließ Charles einen mit Wasserstoffgas gefüllten Ballon emporsteigen.

Am 19. September 1783 hob sich ein von den Gebrüdern Montgolfier aus wasserdichter Leinwand hergestellter Ballon vom großen Hofe des Schlosses zu Versailles in die Lüfte. In der Gondel befand sich ein Hammel, ein Hahn und eine Ente, die sämtlich bei der einige Kilometer von Versailles erfolgten Landung wohlbehalten den Erdboden erreichten.

Wir haben diese Daten der ersten Ballonfahrten hier um deswillen unseren Lesern kurz ins Gedächtnis gerufen, weil Goethe bereits wenige Wochen später als die beiden ersten und fast gleichzeitig mit dem letzten jener drei in Frankreich unternommenen Versuche ebenfalls Experimente angestellt hat, und zwar in Gemeinschaft mit Soemmering in Kassel.

Wir lassen hier einen Brief Soemmerings folgen, der vom 8. Mai 1784 datiert und an Merck gerichtet ist:

„In Ansehung der Experimente mit Blasen, so reüssierte mir die erste schon im November 1783. Ich habe auch einen echten Pariser Ball. Schön gearbeitet sind sie, nur die Materie taugt nichts; die inflammierte Luft geht rein durch ein Sieb, weil's Därme sind; die beste Materie in der Welt ist wohl Amnios[152]), diese noch viel feinere Materie als selbst wovon die Pariser Bälle gemacht sind, hält doch acht bis zwölf Stunden die inflammierte Luft. Cicesbanski in Göttingen hat eine Menge. Was sagen Sie? Ich habe selbst ein Bläschen von nur drei Zoll Höhe und zwei Zoll Breite gehabt, so wirklich stieg; das war Ziegen-Amnios. Solche könnten Sie auch aus Göttingen haben. Ich habe den Mann nach Kassel kommen lassen und schickte er zwei solche Bälle von drei Fuß Diameter hintereinander in die Höhe. In Deutschland, glaube ich, war ich der erste, dem das Experiment im kleinen mit der Blase reüssierte. Cicesbanski macht sie Ihnen von Amnios so groß als Sie nur wollen. Im September war Goethe hier, und da hatte ich schon einen Kubus von $5/4$ Ellen in der Arbeit. Der gute Mann half mir noch füllen, allein die Übereilung machte den Versuch nicht gelingen."

Außer Soemmering in Kassel war der Apotheker Dr. Buchholz in Weimar der Urheber und Genosse der Goetheschen Ballonversuche. In einem Briefe an Knebel vom 27. Dezember 1783 macht Goethe folgende Mitteilungen über diese Versuche:

„Buchholz peinigt vergebens die Lüfte, seine Kugeln wollen nicht steigen. Eine hat sich einmal, gleichsam aus Bosheit, bis an die Decke erhoben und nun nicht wieder. Nun hat er in seinem Herzen beschlossen, still vorzugehen und hofft, auf die Montgolfiersche Art gewiß eine Kugel in die Luft zu jagen. Freilich sind viele Akzidents zu befürchten und selbst von den drei Versuchen Montgolfiers ist keiner vollkommen reüssiert."

Im Dezember 1783 richtete Goethe an Lavater [153]) die Frage, ob ihn die Luftfahrer nicht ergötzten, indem er hinzu= fügte; „Ich mag den Menschen gar zu gern so etwas gönnen, beiden, den Erfindern und den Zuschauern." Lavater ant= wortete zustimmend, rühmte das „erdentfliehende, wankenlose Schweben", glaubte aber, daß der „Fürst der Luft dabei in die Faust lachen möge".

Die Versuche, die Buchholz unverdrossen fortsetzte, waren von einem gewissen Erfolg gekrönt. Wie Goethe berichtet, stieg eine Buchholzsche Montgolfiere „zum Ergötzen der Unter= richteten" in die Höhe, indessen die Menge sich vor Erstaunen kaum zu fassen wußte, und die verschüchterten Tauben scharen= weise in der Luft hin= und herflüchteten. Vielleicht gingen diesen vor der Öffentlichkeit ausgeführten Versuchen geheime Experimente voraus, von denen Goethe in einem Briefe an Charlotte von Stein vom 19. Mai 1784 spricht₁ „Ich hoffe, du bleibst meinem Garten und mir treu. Viel= leicht versuchen wir den kleineren Ballon mit dem Feuerkorbe. Sage aber niemandem etwas, damit es nicht zu weit herumgreife." Über diesen Versuch berichtet Goethe von Eisenach aus am 9. Juni 1784 an Soemme= ring:

„In Weimar haben wir einen Ballon nach Montgolfierscher Art steigen lassen, 42 Fuß hoch und 20 im größten Durchschnitt. Es ist ein schöner Anblick, nur hält sich der Körper nicht lange in der Luft, weil wir nicht wagen wollen, ihm Feuer mitzugeben."

Das Interesse, das Goethe an den weiteren Versuchen Montgolfiers, Charles und Blanchards nahm, hielt ihn an= dauernd gefangen. So sendet er aus Braunschweig am 27. August

1784 einen französischen Zeitungsbericht über eine Ballonfahrt Blanchards an Charlotte von Stein mit folgenden Worten:

»Adieu ma chère Lotte; il faut finir. Je joins quelques feuilles du Journal de Paris, tu y trouveras un recit du voyage aerien de Mr. Blanchard.«

Sodann heißt es in einem ebenfalls an Charlotte von Stein gerichteten Briefe aus Weimar (10. Mai 1785):

„Zwischen 4 und 5 Uhr steigt der Ballon."

Unter dem 11. September 1785 schreibt er gleichfalls an Frau von Stein:

„Ich habe eine gewisse Nachricht, daß Blanchard auf= fährt. Vielleicht so Ende dieser Woche. Sein Ballon wird etwas größer als unsere Schnecke sein. Es freut mich für Fritzen unendlich." Dieser Aufstieg Blanchards sollte in Frankfurt a. M. während der Messe erfolgen. Um dieses Schauspiel anzusehen, war Fritz von Stein nach dort geschickt. Mit dem Ausdruck „unsere Schnecke" kann, wie Jonas Fränkel in seiner Ausgabe von Goethes Briefen an Charlotte von Stein (Jena 1908) mit= teilt, entweder das sogenannte Schneckengebäude im Weimarer Park gemeint sein oder der Ballon, mit welchem Goethe, wie er am 19. Mai 1784 an Charlotte von Stein schrieb, Versuche machen wollte.

Goethe kommt Charlotte von Stein gegenüber auf jenen Aufstieg Blanchards nochmals am 20. September 1785 zurück: „Auf den Sonntag steigt also Blanchard. Wie bin ich auf Fritzens Beschreibung neugierig, der gewiß auch davon schreiben wird, als wenn es nichts wäre." Am 26. September 1785 heißt es: „was mag Blanchard gestern für ein Schicksal gehabt haben?" Und am 1. Oktober 1785: „Blanchard ist vergangenen Sonntag nicht gestiegen, also wird Fritz nicht kommen".

Der geplante Aufstieg mußte unterbleiben, weil ein aus dem Hinterhalte gegen den gefüllten Ballon aus einer Wind= büchse abgegebener Schuß diesen zum Bersten brachte, als Blanchard bereits mit dem Erbprinz von Hessen Darmstadt, dem späteren Ludwig I. und einem französischen Offizier namens Schweißer in der Gondel Platz genommen hatte. Die erregte, um das Schauspiel betrogene Menge wollte Blanchard mißhandeln, so daß dieser unter militärischer Bedeckung in sein Quartier gebracht werden mußte. Der Aufstieg ist sodann am 3. Oktober 1785 erfolgt und hat den kühnen Luftschiffer bis zu einer Höhe von 2000 m gehoben; die Landung erfolgte nach halbstündiger Fahrt bei Weilburg.

Goethe hat in seiner im Jahre 1821 gegebenen schematischen Darlegung seines naturwissenschaftlichen Entwicklungsganges sich über die Vergeblichkeit seiner dem Luftschiff gewidmeten Bemühungen mit folgenden Worten resigniert getröstet: „Die Luftballone werden entdeckt. Wie nahe ich dieser Erfindung gewesen. Einiger Verdruß, es nicht selbst entdeckt zu haben. Baldige Tröstung."

Der praktische Mißerfolg des P h y s i k e r s Goethe konnte jedoch nicht hindern, daß der D i c h t e r Goethe seinem ihn von Grund aus erfüllenden Interesse für die Eroberung der Lüfte einen formvollendeten Ausdruck verlieh.

Das, was dieser im Innersten seines Herzens der Luftschiffahrt entgegenbrachte, hat er mit der ihm eigenen machtvollen Sprache im „F a u s t" ausgesprochen:

O daß kein Flügel mich vom Boden hebt
Ihr nach und immer nach zu streben!
Ich säh' im ewigen Abendstrahl
Die stille Welt zu meinen Füßen,
Entzündet alle Höh'n, beruhigt jedes Tal,
Den Silberbach in goldne Ströme fließen.
Nicht hemmte dann den göttergleichen Lauf
Der wilde Berg mit allen seinen Schluchten;
Schon tut das Meer sich mit erwärmten Buchten
Vor den erstaunten Augen auf.
Doch scheint die Göttin endlich wegzusinken;
Allein der neue Trieb erwacht,
Ich eile fort, ihr ew'ges Licht zu trinken,
Vor mir den Tag und hinter mir die Nacht.
Den Himmel über mir und unter mir die Wellen.
Ein schöner Traum, indessen sie entweicht.
Ach! zu des Geistes Flügeln wird so leicht
Kein körperlicher Flügel sich gesellen.

Doch ist es jedem eingeboren,
Daß sein Gefühl hinauf und vorwärts bringt,
Wenn über uns, im blauen Raum verloren,
Ihr schmetternd Lied die Lerche singt,
Wenn über schroffen Fichtenhöhen
Der Adler ausgebreitet schwebt,
Und über Flächen, über Seen
Der Kranich nach der Heimat strebt.

O, gibt es Geister in der Luft,
Die zwischen Erd' und Himmel herrschend weben,
So steiget nieder aus dem goldgen Duft
Und führt mich weg zu neuem, buntem Leben!
Ja, wäre nur ein Zaubermantel mein,
Und trüg er mich in fremde Länder,
Mir sollt er um die köstlichsten Gewänder
Nicht feil um einen Königsmantel sein.

Im ersten Teile des „Faust“ begegnen wir dann noch
einer Reminiszenz an die Luftschiffahrt am Schluß der Szene
die dem Auftritt in Auerbachs Keller vorausgeht:

Faust:

Wie kommen wir denn aus dem Haus?
Wo hast du Pferde, Knecht und Wagen?

Mephistopheles:

Wir breiten nur den Mantel aus,
Der soll uns durch die Lüfte tragen.
Du nimmst bei diesem kühnen Schritt
Nur keinen großen Bündel mit.
Ein bißchen Feuerluft, die ich bereiten werde,
Hebt uns behend von dieser Erde.
Und sind wir leicht, so geht es schnell hinauf;
Ich gratuliere dir zum neuen Lebenslauf.

Im zweiten Teil des „Faust“ steht offenbar die Szene
zwischen Euphorion, Faust und Helena unter dem
Einflusse des tiefgehenden Interesses, das Goethe an der Eroberung der Luft nahm:

Euphorion:

Nun laßt mich hüpfen,
Nun laßt mich springen!

Zu allen Lüften
Hinaufzubringen
Ist mir Begierde,
Sie faßt mich schon.

Faust:

Nur mäßig! mäßig!
Nicht ins Verwegne,
Daß Sturz und Unfall
Dir nicht begegne,
Zu Grund uns richte
Der teure Sohn.

Euphorion:

Ich will nicht länger
Am Boden stocken;
Laßt meine Hände,
Laßt meine Locken,
Laßt meine Kleider!
Sie sind ja mein.

Aus jener Zeit, als Goethe sich mit Ballonversuchen be=
schäftigte, datiert ein Brief an Charlotte von Stein, der uns
beweist, wie eng jene Versuche in das Ideenleben des Dichters
sich eingefügt hatten, so eng, daß sie auf weitentlegenen Gebieten
sich ihm bei der Aufstellung von Gleichnissen aufdrängten. In
diesem vom 7. Juni 1784 datierten Briefe kennzeichnet Goethe
das Wesen der Memoiren Voltaires [154]) wie folgt:
„Du wirst finden, es ist, als wenn ein Gott (etwa Momus),
aber eine Kanaille von einem Gott, über einen König und über
das Hohe der Welt schriebe ... Kein menschlicher Blutstropfen,
kein Funke Mitgefühl und Honettetät. Dagegen eine Leichtig-
keit, Höhe des Geistes, Sicherheit, die entzünden. Ich sage
Höhe des Geistes, nicht Hoheit. Man kann ihn einem
Luftballon vergleichen, der sich durch eine
eigene Luftart über alles wegschwingt und
dort Fläche unter sich sieht, wo wir Berge
sehen."

Der offene Blick Goethes für mechanische Vorgänge hat
diesem die Vergeudung von Kraft, wie sie sich im Spiel von

Ebbe und Flut vollzieht, eindringlich vor die Seele geführt. Im zweiten Teil des „Faust" läßt er sein Ebenbild Faust folgende Äußerung tun, die treffender von keinem Professor der modernen Maschinenlehre gefaßt werden könnte:

> Mein Auge war aufs hohe Meer gezogen,
> Es schwoll empor, sich in sich selbst zu türmen,
> Dann ließ es nach und schüttelte die Wogen,
> Des flachen Ufers Breite zu bestürmen.
> Und das verdroß mich;

> Ich hielt's für Zufall, schärfte meinen Blick;
> Die Woge stand und rollte dann zurück,
> Entfernte sich vom stolz erreichten Ziel;
> Die Stunde kommt, sie wiederholt das Spiel.

Und als Mephistopheles einwirft, daß er diesen Vorgang schon seit hunderttausend Jahren kenne, fährt Faust fort:

> Sie schleicht heran an abertausend Enden,
> Unfruchtbar selbst, Unfruchtbarkeit zu spenden;
> Nun schwillt's und wächst und rollt und überzieht
> Der wüsten Strecke widerlich Gebiet.
> Da herrschet Well' auf Welle kraftbegeistet,
> Zieht sich zurück, und es ist nichts geleistet,
> Was zur Verzweiflung mich beängstigen könnte!
> Zwecklose Kraft unbändiger Elemente!
> Da wagt mein Geist, sich selbst zu überfliegen;
> Hier möcht ich kämpfen, dies möcht ich besiegen.
> Und es ist möglich! — Flutend, wie sie sei,
> An jedem Hügel schwingt sie sich vorbei;
> Sie mag sich noch so übermütig regen,
> Geringe Höhe ragt ihr stolz entgegen,
> Geringe Tiefe zieht sie mächtig an.
> Da faßt' ich schnell im Geiste Plan auf Plan:
> Erlange dir das köstliche Genießen,
> Das herrische Meer vom Ufer auszuschließen,
> Der feuchten Breite Grenzen zu verengen
> Und weit hinein sie in sich selbst zu drängen.
> Von Schritt zu Schritt wußt' ich mir's zu erörtern.
> Das ist mein Wunsch, den wage zu befördern!

Auf einen derartig sachkundigen Beurteiler der in den Naturkräften schlummernden motorischen Kräfte mußte die

11*

Dampfmaschine mit ihrer weitgehenden Ausnutzung der Dampf-
kraft einen gewaltigen Eindruck machen.

Im Jahre 1790 unternahm Karl August in Goethes Be-
gleitung eine Reise nach Oberschlesien, um dort den durch den
Minister vom Stein[155]) und den Graf Reden zur hoher
Blüte gebrachten Bergbau kennen zu lernen. Diese Reise führte
Goethe unter anderem auch in das Salzbergwerk von Wieliczka.
Bei Tarnowitz lernte Goethe am 4. September eine Dampfmaschine aus eigener Anschauung kennen. Wie Matchoß
in seiner „Entwicklung der Dampfmaschine" berichtet, hatte man
dort mit außergewöhnlich großem Wasserandrang zu kämpfen.
Über 100 Pferde mit einem Kostenaufwand von jährlich 12 000
bis 15 000 Talern genügten nicht, und so gab man bei dem
englischen Maschinenbauer Samuel Homfray zu Peny-
darran bei Merthyr Tydwill (Süd-Wales) am 20. Februar 1786
eine atmosphärische Dampfmaschine mit einem Zylinder von
20 Zoll Durchmesser in Auftrag. Die Maschine, die in Abb. 34
dargestellt ist, traf im Mai 1787 in Swinemünde und Ende
August desselben Jahres in Tarnowitz ein. Nach mannigfachen
Schwierigkeiten konnte sie am 4. April 1788 in regelmäßigen
Betrieb gesetzt werden; sie hat auf verschiedenen Schächten
Dienst getan, bis sie im Jahre 1857 als altes Eisen verkauft
ist. Goethe widmete, angeregt durch die hier empfangenen
Eindrücke, der Knappschaft zu Tarnowitz folgende Distichen:

Fern von gebildeten Menschen, am Ende des Reiches, wer hilft euch,
Schätze finden und sie glücklich zu bringen ans Licht?
Nur Verstand und Redlichkeit helfen; es führen die beiden
Schlüssel zu jeglichem Schatz, welchen die Erde verwahrt.

Matchoß berichtet, daß Goethe mit der Wendung „fern
von gebildeten Menschen" bei den Bewohnern der dortigen
Gegend erheblichen Anstoß erregt habe.

Die umwälzende Bedeutung der Dampfmaschine bringt
Goethe in folgender Äußerung zum Ausdruck:

„So wenig nun die Dampfmaschinen zu dämpfen sind, so
wenig ist dies auch im Sittlichen möglich: Die Lebhaftigkeit des
Handels, das Durchrauschen des Papiergelds, das Anschwellen

der Schulden, um Schulden zu bezahlen, das alles sind die
ungeheuren Elemente, auf die gegenwärtig ein junger Mann
gesetzt ist. Wohl ihm, wenn er von der Natur mit mäßigem,
ruhigem Sinn begabt ist, um weder unverhältnismäßige Forderungen an die Welt zu machen, auch noch von ihr sich bestimmen
zu lassen."

Eine dichterische Verherrlichung hat Goethe der Dampfmaschine nicht gewidmet. Dagegen ist ein Gedicht auf uns

Abb. 34. Atmosphärische Dampfmaschine auf einer Grube bei Tarnowitz.
Aus der Sammlung Berg- und Hüttenmännischer Abhandlungen. Heft 81. Verlag
von Gebr. Böhm, Kattowitz O./Schl.
Erinnerungen an die Zeit der ersten Dampfmaschinen von Oberingenieur Illies.
Vortrag gehalten am 19. Januar 1911 im Oberschlesischen Bezirksverein Deutscher
Ingenieure in Gleiwitz.

überkommen, das von Goethe mit Korrekturen versehen und
in Nr. 5 des Jahrganges 1831 des von seiner Schwiegertochter
Ottilie von Goethe[156]) herausgegebenen Journals „Chaos" veröffentlicht ist. Dieses nachstehend wiedergegebene Gedicht ist von
dem in London lebenden Musikinstrumentenfabrikant J. A.
Stumpf, einem geborenen Deutschen, der öfters in Goethes

gastfreiem Hause verkehrte, verfaßt; die von Goethe vor-
genommenen Änderungen sind als Anmerkungen angegeben.

Der Kampf der Elemente.

Gott sah, was er gemacht, und siehe es war gut.
So schrieb ein Mann von großem Geist und Mut,
Doch diese Lehre will der Welt nicht mehr behagen,
Der Zweifler macht gar weisheitsvolle Fragen.[1]
Er ruft: Man werfe nur, nur einen flücht'gen Blick
Ins Lebensspiel, was blickt man? Menschenglück?
Nein, Not und Tod und Elend sieht man hausen,
Die Elemente stets im Wechselkampfe brausen,
Und Sturm der Leidenschaft, die ewig Feindschaft brüten.
So murrt gar mancher Mensch, raubt sich des Lebens Frieden![2]
Warum denn wurden wir so rund umgeben
Vom rohen Stoff, von Kräften aller Art?
Was will in unsrer Brust das stete Streben,
Das sich mit ewig reger Neugier paart?
Gestalten soll der Herr der Erden?
Harrt hier nicht alles auf des Bildners Hand?
Ein Schöpfer soll der Mensch, wie Gott wohltätig werden?
Drum gab er ihm Stoff, Kräfte und Verstand. —
Ein Mann, dem manches Werk gelungen[3]
Und dessen Geist nach Wahrheit stets gerungen[4],
Geprüft des Feuers, des Wassers Macht,
Kurz, der zuerst das Werk erdacht,
Wie durch der Elemente Kampf,
Des Feuers Wut, des Wassers Dampf
Der Mensch Gewinn und nicht Verderben fand.
Die Wut des Feu'rs, des Wassers Macht,
Ward von dem Künstler angefacht[5],
Er trennt durch eine dünne Wand
Die Feinde, die von Wut entbrannt.
Die Flammen an dem Kessel wüten,
In dem voll Zorn die Wellen sieben,
Und streben sich am Feind zu rächen,
Den starken Kerker zu zerbrechen.

Goethes Abänderungen.

[1] „Der Zweifler macht bedenklich bittre Klagen."
[2] „So murrt gar mancher trüb'" usw.
[3] „So jener Mann" usw.
[4] „Und dessen Geist nach Wahrheit, Licht gerungen."
[5] „Hat er in seine Gewalt gebracht."

Ein blanker Stab steigt magisch hoch empor
Vom Dampf verfolgt durch ein gewaltig Rohr;
Im Nu stürzt in die heiße Flut
Ein kalter Strom, schreckt seine Wut;
Gleich sinkt der Stab — im Augenblick
Scheucht ihn der heiße Dampf zurück.
Der blanke Stahl steigt auf und nieder,
Belebt zum Streben alle Glieder
Nach einem Ziel. Der große Bau
Folgt stets des Meisters Sinn genau. —
„Wie mancher tadelt nicht den Wunderlauf der Dinge,
Und ungeprüft schilt, was er nicht versteht:
Der Forscher sieht entzückt, wie in der Wesen Ringe
Sich Teil und Ganzes stets im schönsten Bunde dreht.

Auch Karl August brachte der Dampfmaschine das ver=
diente Interesse entgegen. Als er von einer nach England
unternommenen Reise zurückgekehrt war, schrieb er am 6. Juni
(oder August) 1814 an Goethe: „Zugunsten des weltbekannten
Inselreiches kann ich Dir viel sagen. Was man dorten sieht,
übersteigt alle Erwartungen. — Was Mechanik betrifft,
da ist England das wahre Paradies dieser Wissenschaft. Einige
Meilen nördlich von Birmingham brachte mich Herr Watt
zu Steinkohlen= und Eisengruben, bei welchen auch die Usinen,
Hammer und Gießereien befindlich waren. Dort brannten
zugleich die Herde von 250, sage und schreibe 250 Feuer=
maschinen, auf der Fläche von einer Quadratstunde,
welche alle einer Werkschaft gehörten. Und solcher Gewerk=
schaften waren dort mehrere, die aneinander grenzten dergestalt,
daß ich nicht zuviel sage, wenn ich vermute, mehr wie 1000
solcher Feuerschlünde zu gleicher Zeit rauchen gesehen zu haben.
Die Sonne wird davon meilenweit verdunkelt und die ganze
Gegend ist mit einem schwarzen Staub, dem Niederschlag
dieses Rauches bedeckt. In dieser Gegend liegt das alte Schloß
Dudley, dessen ehemaliger Besitzer aus der ‚Maria Stuart‘
bekannt ist.“

Die Eisenbahn, die Goethe aus eigner Anschauung
niemals kennen gelernt hat, fand in ihm einen verständnis=

vollen Beurteiler, und prophetisch äußerte er sich am 23. Oktober 1828 zu Eckermann:

„Mir ist nicht bange, daß Deutschland nicht eins werde; unsere guten Chausseen und künftigen Eisenbahnen werden schon das Ihrige tun."

Nicht minder weit blickend erwies sich Goethe bezüglich einiger dem Völkerverkehr dienenden Kanalbauten. Dies gilt besonders vom Panamakanal, dessen Bau Goethe schon im Jahre 1827 den Vereinigten Staaten zur Pflicht machte, eine Mahnung, die bekanntlich von den praktischen Amerikanern, wenn auch unabhängig von Goethe, inzwischen nach Kräften erfüllt ist. Die Anregung, sich mit dem Projekt eines Durchstichs der Landenge von Panama zu beschäftigen, ging von Alexander von Humboldt aus, der verschiedene Stellen an der Küste angegeben hatte, von wo man am schnellsten zum Ziele kommen könnte. „Wundern sollte es mich," — so führte Goethe Eckermann gegenüber aus, — „wenn die Vereinigten Staaten es sich sollten entgehen lassen, ein solches Werk in ihre Hände zu bekommen. Es ist vorauszusehen, daß dieser jugendliche Staat bei seiner entschiedenen Tendenz nach Westen in 30 bis 40 Jahren auch die großen Landstrecken jenseits der Felsengebirge in Besitz genommen und bevölkert haben wird. ... Ich wiederhole also: es ist für die Vereinigten Staaten durchaus unerläßlich, daß sie sich eine Durchfahrt aus dem Mexikanischen Meerbusen in den Stillen Ozean bewerkstelligen, und ich bin gewiß, daß sie es erreichen."

Ebenso prophetisch fuhr er dann fort: „Dieses möchte ich erleben; aber ich werde es nicht. Zweitens möchte ich erleben, eine Verbindung der Donau mit dem Rhein hergestellt zu sehen. Aber dieses Unternehmen ist gleichfalls so riesenhaft, daß ich an der Ausführung zweifle, zumal in Erwägung unserer deutschen Mittel. Und endlich drittens möchte ich die Engländer im Besitz eines Kanals von Suez sehen. Diese drei großen Dinge möchte ich erleben, und es

Hohe Fluth
Ebbe

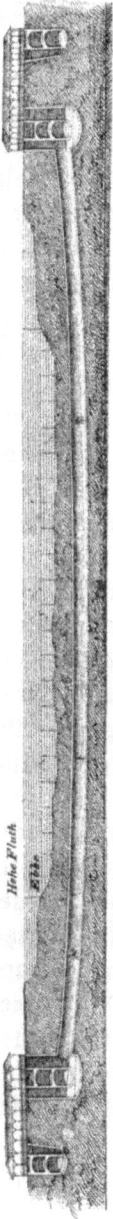

Längenprofil des Tunnels.

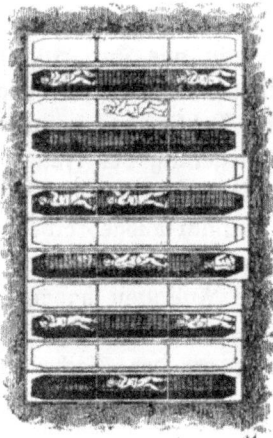

Vortrieb des Tunnels.
Seitenansicht.

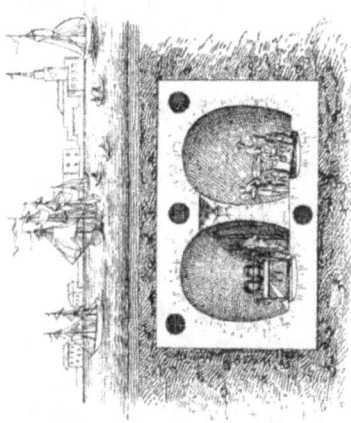

Querprofil des Tunnels.

Vortrieb des Tunnels.
Hinteransicht.

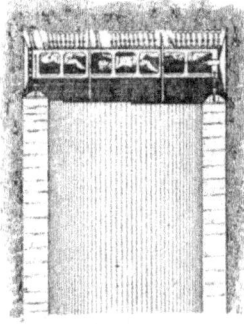

Abb. 85. Brunels Themsetunnel.

wäre wohl der Mühe wert, ihnen zu Liebe es noch einige 50 Jahre auszuhalten."

Kühne und große Unternehmungen, wie der Tunnel Brunels unter der Themse in London (Abb. 35), der Eriekanal und die Bremer Hafenanlage, erregten sein Interesse, und er ruhte nicht eher, als er sich an der Hand genauer Zeichnungen über deren Wesen genau unterrichtet hatte. Der in Abb. 35 dargestellte Themsetunnel wurde im Jahre 1825 begonnen und nach Überwindung zahlloser Schwierigkeiten im Jahre 1842 vollendet. Eigenartig war die Art, in welcher der Tunnel vorgetrieben wurde. Dies geschah mittels zwölf nebeneinander gereihter Rahmen, in deren Innerm je drei Arbeiter aufgestellt waren, die das Erdreich lockerten und nach hinten schafften, worauf die Rahmen vorwärts geschoben wurden.

Goethe nahm auch jede Gelegenheit wahr, seine Kenntnisse des S c h i f f b a u e s zu erweitern. Am 2. März 1783 veranstaltete er abends eine Teegesellschaft, bei welcher ein alter reisender Seemann das Modell eines Kriegsschiffs vorführte, und im Oktober 1786 besuchte er das Arsenal und eine private Schiffswerft in Venedig. Auf letzterer stand gerade ein Kriegsschiff von 84 Kanonen in Spanten und erregte Goethes besonderes Interesse durch das herrliche zur Verarbeitung gelangende Istrianer Eichenholz.

Zu Goethes Zeit lag das F e u e r l ö s c h w e s e n überaus im argen; häufig sehen wir, wie Karl August und Goethe bei dem Löschen unheilvoller Brände tatkräftig Hand anlegen. Die von Goethe bewirkte Beschaffung leistungsfähiger Spritzen sowie die systematische Regelung des Feuerlöschwesens waren von Erfolg gekrönt. Dies machte sich besonders bei einem am 1. Oktober 1785 in Weimar ausgebrochenen Brande vorteilhaft bemerkbar. Frühmorgens 1 Uhr schrieb Goethe an Charlotte von Stein: „Unsere Anstalten haben sich gut bewiesen, und die Maschinen fürtrefflich. Es ist mir lieb, daß ich da war, um der Erfahrung an der Sache und um mir selbst willen."

Schon auf Seite 73 führten wir als Beweis für Goethes auf das Gemeinwohl gerichtetes technisches Verständnis eine Stelle aus „Hermann und Dorothea" an. Dieses Verständnis betätigte sich u. a. auch in Venedig, dessen Straßen die erforderliche Reinlichkeit vermissen ließen, trotzdem sie sorgfältig gepflastert waren. Nach Goethes Meinung hätte Venedig die reinlichste Stadt der Welt sein können, und er entwarf sofort während eines Spazierganges den Plan einer Straßenreinigung.

Eine eigenartige, öffentliche, zur W a r m w a s s e r = b e r e i t u n g dienende Einrichtung erregte Goethes Aufmerksamkeit in einigen zwischen Tübingen und Schaffhausen belegenen Dörfern, z. B. in Steinhofen. Dieselbe bestand aus einem Herde, der neben dem Dorfbrunnen errichtet war, und in welchem das zum Waschen dienende Wasser auf der Gebrauchsstelle erwärmt wurde.

Zwischen Stäfa und dem Gotthard beschreibt Goethe die herrliche Aussicht. Plötzlich aber erwacht in ihm der Weimarsche Dezernent für Wasserbau. „Rechts des Flußsteiges ist eine Art von natürlichem Wall, hinter dem die Sihl herfließt. Dem ersten Anblicke nach sollte es an einigen Stellen nicht große Mühe und Kosten erfordern, den Hügel mit einem Stollen zu durchfahren und so viel Wasser als man wollte zu Wässerungen und Werken in die unterhalb liegende Gegend zu leiten; ein Unternehmen, das freilich in einem demokratischen Kantone und bei der Komplikation der Grundstücke, die es betreffen würde, nicht denkbar ist."

Auf dem Gebiete der g r a p h i s c h e n K ü n s t e vollzog sich durch Senefelders Erfindung des Steindrucks eine tief greifende Umwälzung. Als Goethe Steindrucke Dürerscher Federzeichnungen vorgelegt wurden, erklärte er, daß „er sich ärgern würde, wenn er gestorben wäre, ohne sie zu sehen." Im Jahre 1821 wurde sein Interesse durch eine „Künstelei" erregt. Es war dies eine Erfindung, nach der man imstande war, eine Kupfertafel größer oder kleiner abzudrucken. Goethe sah Probeblätter bei einem Reisenden, der sie aus Paris mitgebracht hatte, und mußte sich überzeugen, ungeachtet der

Unwahrscheinlichkeit, daß der größere und der kleinere Abdruck wirklich eines Ursprungs war.

Die Sorge, welche Goethe aus der Einführung der Maschine in die Textilindustrie erwuchsen, haben wir auf Seite 47 geschildert. Er ließ es sich außerdem angelegen sein, durch Beschaffung von Mustern und Tafeln, die er u. a. den Wollenfabrikanten Hetzers und Schnepps zur Verfügung stellte, die heimische Industrie zu heben.

An Äußerungen Goethes, welche dessen eingehende Fachkenntnis auf dem Gebiete des Textilwesens erkennen lassen, mögen folgende hier Platz finden:

Die Idealphilosophen sitzen eigentlich am (Web=) Stuhl, zetteln und schießen die Schiffchen durch, manchmal reißt wohl ein Faden oder es entstehen Nester, aber im ganzen gibt es doch einen Teppich.

Indem ich mich zeither mit der Lebensgeschichte wenig und viel bedeutender Menschen anhaltender beschäftigte, kam ich auf den Gedanken: es möchten sich wohl die einen in dem Weltgewebe als Zettel, die andern als Einschlag betrachten lassen; jene gäben eigentlich die Breite des Gewebes an, diese dessen Halt, Festigkeit, vielleicht auch mit Zutat irgendeines Gebildes. Die Schere der Parze hingegen bestimmt die Länge, dem sich dann das übrige alles zusammen unterwerfen muß. Weiter wollen wir das Gleichnis nicht verfolgen.

Wenn die Männer sich mit den Weibern schleppen, so werden sie gleichsam abgesponnen wie ein Wocken.

Antepirrhema.

So schauet mit bescheidnem Blick
Der ewigen Weberin Meisterstück,
Wie ein Tritt tausend Fäden regt,
Die Schifflein hinüber, herüber schießen,
Die Fäden sich begegnend fließen,
Ein Schlag tausend Verbindungen schlägt,

Das hat sie nicht zusammengebettelt,
Sie hat's von Ewigkeit angezettelt;
Damit der ewige Meistermann
Getrost den Einschlag werfen kann.

Aber Tage währt's,
Jahre dauert's, daß ich neu erschaffe
Tausendfältig deiner Verschwendungen Fülle,
Auftrösle die bunte Schnur meines Glücks,
Geklöppelt tausendfältig
Von Dir, o Suleika!

In einem am 8. Juli 1781 an Charlotte von Stein ge=
richteten Briefe heißt es: „Wir sind wohl verheiratet, das heißt
durch ein Band verbunden, wovon der Zettel aus Liebe und
Freude, der Eintrag aus Kreuz, Kummer und Elend besteht.
Adieu! grüße Steinen. Hilf mir, glauben und hoffen."

Am bekanntesten ist folgende Stelle aus „Faust" (Gespräch
des Mephistopheles mit dem Schüler):

Dann lehret man euch manchen Tag,
Daß, was ihr sonst auf e i n e n Schlag
Getrieben, wie Essen und Trinken frei,
Eins! Zwei! Drei! dazu nötig sei.
Zwar ist's mit der Gedankenfabrik
Wie mit einem Webermeisterstück,
Wo ein Tritt tausend Fäden regt,
Die Schifflein herüber, hinüber schießen,
Die Fäden ungesehen fließen,
Ein Schlag tausend Verbindungen schlägt.
Der Philosoph, der tritt herein
Und beweist euch, es müßt' so sein:
Das Erst' wär' so, das Zweite so,
Und drum das Dritt' und Vierte so;
Und wenn das Erst' und Zweit' nicht wär',
Das Dritt' und Viert' wär' nimmermehr.

Am klarsten aber ergibt sich Goethes Verständnis für das
Textilfach aus dem in „Wilhelm Meisters Wanderjahre" ein=
gefügten Tagebuche Lenardos.

Auf dem Gebiete der P a p i e r f a b r i k a t i o n ist von
Interesse, daß Goethe am 1. Juni 1791 dem Herzoge die Mit=

teilung machte, daß Göttling in Jena eine Erfindung gemacht habe: „Er hat gedrucktes Papier, von dem ein Blatt beiliegt, wieder zu Brei gemacht, mit seinem Wasser (dephlogistisierte Salzsäure) alle Schwärze herausgezogen und wieder Papier daraus machen lassen, wie es beiliegt, das fast weißer als das erste ist. Welch ein Trost für die lebende Welt der Autoren und welch ein drohendes Gericht für die abgegangenen! Es ist eine sehr schöne Entdeckung und kann viel Einfluß haben."

Wer würde in dem Verfasser des nachstehenden Erlasses und Berichts den Dichter des „Faust" vermuten:

„J e n a , den 20. November 1817:

Donnerstag, den 13. November 1817 waren folgende Arbeiten im Gange (bei dem Bau der Bibliothek in Jena):

Meister N ü r n b e r g e r :

1. Verfertigt die Böcke und richtet die Bohlen zu, um die Manuskripte trocken zu legen.

2. Besorgt eine Interimstreppe zum anatomischen Auditorium.

3. Rückt die Stellage weiter in den Garten.

Meister T i m m l e r :

1. Fährt fort, die Mauer abzubrechen.

2. Bricht die steinernen Stufen ab.

3. Läßt die Steine auf der Stelle in Ruten setzen.

Meister W e r n e r :

1. Arbeitet den Umschlag in das Expeditionszimmer.

Hofgärtner D.:

1. Besorgt die Wegschaffung der Taxushecken und assistiert dem Zimmermann bei Versetzung der Stellage.

Übrigens wurden obgedachte Maurer und Zimmermann veranlaßt, ihre Gedanken über eine Treppe in das juristische Auditorium zu eröffnen und ebenfalls einen Riß darüber zu fertigen."

Kam Goethe bei einem solchen Eindringen in die Einzelheiten mit den Ansichten Untergebener in Gegensatz, so verstand er, was und wie es geschehen sollte, sehr bestimmt zu
befehlen. Anderseits ließ er sich in solchen Fächern, die ihm
mehr oder weniger fremd geblieben waren, auch von Hand-
werkern leicht umstimmen, vorausgesetzt, daß er ihnen Redlichkeit
und Tüchtigkeit zutraute. Hierfür ein Beispiel: In einem oberen
Gelaß der akademischen Bibliothek zu Jena sollte eine Flügel-
tür angebracht werden. Die Mauer wurde an den Seiten der
bis dahin einfachen Tür durchbrochen. Bald aber zeigte sich
ein eiserner Widerhaken, 2½ Zoll stark, unter dem Estrich
quer durch den ganzen Saal hinlaufend. Die Arbeiter stutzten.
Der Anker lag dicht neben der Tür und stand der Erweiterung
im Wege. Goethe selbst wurde bedenklich. Ein erfahrener
Maurermeister riet, den Anker auf die Seite zu biegen und
so für die Tür Raum zu gewinnen. Der Rat schien die Festigkeit
des ganzen Gebäudes zu gefährden. Der wackere Handwerks-
meister unterstützte seine Meinung durch Anführung ähnlicher
Fälle aus seiner Erfahrung und namentlich durch die Behauptung, man werde in geringer Entfernung noch mehrere
derartige Anker im Boden entdecken können, welche das Gebäude, das auch ohne Anker fest genug stehe, vor aller Gefahr
sicherten. Bei genauer Untersuchung fanden sich wirklich noch
6 bis 8 ähnliche Anker; der Handwerker sprach zuversichtlich.
„Nun, wenn Ihr verwogen seid,“ rief Goethe, „so will ich nicht
furchtsam scheinen!“ Und so ward denn zur Ausführung des
gewagten Unternehmens geschritten. — Am folgenden Morgen
um 5 Uhr kam ein Schmied mit Kohlen und Werkzeug. Unter
den Anker ward eine große Eisenplatte geschoben, ein Viereck
von Backsteinen rings herum gelegt und mit Kohlen gefüllt,
diese zündete man an und erhielt sie mittels eines Blasebalges
eine Stunde lang glühend. Wasser stand in vielen Eimern
bereit. Man wachte sorgfältig, daß nicht etwa ein Funken
das Holzwerk oder die benachbarten Bücher ergriff. Nach
Verlauf einer Stunde zwang man den glühenden Anker
mit dem Hammer und durch Ziehen mittels Ketten auf die

Seite und erreichte vollkommen das, was man beabsichtigt
hatte.

Von besonderem Interesse ist die Tatsache, daß Goethe
das zwar nicht in den deutschen Sprachschatz übernommene
Wort „Technizieren" in der Bedeutung, „mit Hilfe der Technik
ausführen oder leisten" geprägt hat. Im März 1807 äußerte
er zu Riemer: „In dem, was der Mensch t e c h n i z i e r t ,
nicht bloß in den mechanischen, auch in den plastischen Kunst=
produktionen, ist die Form nicht wesentlich mit dem Inhalt
verbunden, die Form ist dem Stoff nur auf= oder abgerungen.
Die Produktionen der Natur erleiden zwar auch äußere Be=
dingungen, aber mit Gegenwirkung von innen. Kurz, es ist
hier ein lebendiges Wirken von außen und innen, wodurch
der Stoff die Form erhält. Die Form des Leuchters ist dem
flüssigen Messing aufgedrängt. Sich selbst überlassen, hätte
es sich aus sich und durch die einwirkende Luft geformt. Man
könnte einen Leuchter auch aus Salz gerinnen lassen. Hier
würde sich das Salz zwar innerlich kristallisieren, aber nach
außen zu wird ihm die Form des Leuchters aufgedrungen."

Bereits auf Seite 21 haben wir darauf hingewiesen, daß
das Übergewicht Englands im Reiche der Technik und Industrie
zu Goethes Zeit zu einem erheblichen Teile auf dem P a t e n t =
s c h u t z beruhte, den dort der Erfinder genoß. Goethe hat
seine Ansichten über das Erfinden in einem Aufsatz nieder=
gelegt, den wir seines tiefen Gedankenganges halber hier wört=
lich wiedergeben:

Meteore des literarischen Himmels.

Priorität, Antizipation, Präokkupation, Plagiat, Posseß,
Usurpation.

Den lateinischen Ursprung vorstehender Wörter wird man
ihnen nicht verargen, indem sie Verhältnisse bezeichnen, die
gewöhnlich nur unter Gelehrten stattfinden; man wird vielmehr,
da sie sich schwerlich übersetzen lassen, nach ihrer Bedeutung
forschen und diese recht ins Auge fassen, weil man sonst weder

in alter noch neuer Literargeschichte, ebensowenig als in der Geschichte der Wissenschaften, irgend entschiedene Schritte zu tun, noch weniger andern seine Ansichten über mancherlei wiederkehrende Ereignisse bestimmt mitzuteilen vermag. Ich halte deshalb zu unserm Vorsatze sehr geraten, ausführlich anzuzeigen, was ich mir bei jenen Worten denke und in welchem Sinne ich sie künftig brauchen werde; und dies geschehe redlich und ohne weitern Rückhalt. Die allgemeine Freiheit, seine Überzeugungen durch den Druck zu verbreiten, möge auch mir zustatten kommen.

Priorität.

Von Kindheit auf empfinden wir die größte Freude über Gegenstände, insofern wir sie lebhaft gewahr werden, daher die neugierigen Fragen der kleinen Geschöpfe, sobald sie nur irgend zum Bewußtsein kommen. Man belehrt und befriedigt sie für eine Zeitlang. Mit den Jahren aber wächst die Lust am Ergrübeln, Entdecken, Erfinden, und durch solche Tätigkeit wird nach und nach Wert und Würde des Subjekts gesteigert. Wer sodann in der Folge beim Anlaß einer äußeren Erscheinung sich in seinem innern Selbst gewahr wird, der fühlt ein Behagen, ein eigenes Vertrauen, eine Lust, die zugleich eine befriedigende Beruhigung gibt; dies nennt man Entdecken, Erfinden.

Der Mensch erlangt die Gewißheit seines eigenen Wesens dadurch, daß er das Wesen außer ihm als seinesgleichen, als gesetzlich anerkennt. Jedem einzelnen ist zu verzeihen, wenn er hierüber gloriiert, indem die ganze Nation teilnimmt an der Ehre und Freude, die ihrem Landsmann geworden ist.

Antizipation.

Sich auf eine Entdeckung etwas zugute tun, ist ein edles, rechtmäßiges Gefühl. Es wird jedoch sehr bald gekränkt; denn wie schnell erfährt ein junger Mann, daß die Altvordern ihm zuvorgekommen sind. Diesen erregten Verdruß nennen die Engländer sehr schicklich Mortifikation: denn es ist eine wahre

Ertötung des alten Adams, wenn wir unser besonderes Ver=
dienst aufgeben, uns zwar in der ganzen Menschheit selbst
hochschätzen, unsere Eigentümlichkeit jedoch als Opfer hinliefern
sollen. Man sieht sich unwillig doppelt, man findet sich mit
der Menschheit und also mit sich selbst in Rivalität.

Indessen läßt sich nicht widerstreben. Wir werden auf die
Geschichte hingewiesen, da erscheint uns ein neues Licht. Nach
und nach lernen wir den großen Vorteil kennen, der uns da=
durch zuwächst, daß wir bedeutende Vorgänger hatten, welche
auf die Folgezeit bis zu uns heran wirkten. Uns wird ja da=
durch die Sicherheit, daß wir, insofern wir etwas leisten, auch
auf die Zukunft wirken müssen, und so beruhigen wir uns in
einem heiteren Ergeben.

Geschieht es aber, daß eine solche Entdeckung, über die
wir uns im stillen freuen, durch Mitlebende, die nichts von
uns, so wie wir nichts von ihnen wissen, aber auf denselben
bedeutenden Gedanken geraten, früher in die Welt gefördert
wird: so entsteht ein Mißbehagen, das viel verdrießlicher ist
als im vorhergehenden Falle. Denn wenn wir der Vorwelt
auch noch zur Not einige Ehre gönnen, weil wir uns späterer
Vorzüge zu rühmen haben, so mögen wir den Zeitgenossen
nicht gern erlauben, sich einer gleichen genialen Begünstigung
anzumaßen. Dringen daher zu derselben Zeit große Wahr=
heiten aus verschiedenen Individuen hervor, so gibt es Händel
und Kontestationen, weil niemand so leicht bedenkt, daß er
auf die Mitwelt denselben Bezug hat wie zu Vor= und Nach=
welt. Personen, Schulen, ja Völkerschaften führen hierüber
nicht beizulegende Streitigkeiten. Und doch ziehen manchmal
gewisse Gesinnungen und Gedanken schon in der Luft umher,
so daß mehrere sie erfassen können. Immanet aër sicut anima
communis quae omnibus praesto est et qua omnes communi-
cant invicem. Quapropter multi sagaces spiritus ardentes
subito ex aëre persentiscunt quod cogitat alter homo.[157] Oder,
um weniger mystisch zu reden, gewisse Vorstellungen werden
reif durch eine Zeitreihe. Auch in verschiedenen Gärten fallen
Früchte zu gleicher Zeit vom Baume. Weil aber von Mit=

lebenden, besonders von benen, die in einem Fach arbeiten, schwer auszumitteln ist, ob nicht etwa einer von dem andern schon gewußt und ihm also vorsätzlich vorgegriffen habe: so tritt jenes ideelle Mißbehagen ins gemeine Leben, und eine höhere Gabe wird, wie ein anderer irdischer Besitz, zum Gegenstand von Streit und Hader. Nicht allein das betroffene Individuum selbst, sondern auch seine Freunde und Landsleute stehen auf und nehmen Anteil am Streit. Unheilbarer Zwiespalt entspringt, und keine Zeit vermag das Leidenschaftliche von dem Ereignis zu trennen. Man erinnere sich der Händel zwischen Leibniz und Newton[158]); bis auf den heutigen Tag sind vielleicht nur die Meister in diesem Fach imstand, sich von jenen Verhältnissen genauer Rechenschaft zu geben.

Präokkupation.

Daher ist die Grenze, wo dieses Wort gebraucht werden darf, schwer auszumitteln; denn die eigentliche Entdeckung und Erfindung ist ein Gewahrwerden, dessen Ausbildung nicht sogleich erfolgt. Es liegt in Sinn und Herz; wer es mit sich herumträgt, fühlt sich gedrückt. Er muß davon sprechen, er sucht andern seine Überzeugungen aufzubringen, er wird nicht anerkannt. Endlich ergreift es ein Fähiger und bringt es mehr oder weniger als sein Eigenes vor.

Bei dem Wiedererwachen der Wissenschaften, wo so manches zu entdecken war, half man sich durch Logogryphen[159]). Wer einen glücklichen, folgereichen Gedanken hatte und ihn nicht gleich offenbaren wollte, gab ihn versteckt in einem Worträtsel ins Publikum. Späterhin legte man dergleichen Entdeckungen bei den Akademien nieder, um der Ehre eines geistigen Besitzes gewiß zu sein; woher denn bei den Engländern, die, wie billig, aus allem Nutzen und Vorteil ziehen, die Patente[160]) den Ursprung nahmen, wodurch auf eine gewisse Zeit die Nachbildung irgendeines Erfundenen verboten wird.

Der Verdruß aber, den die Präokkupation erregt, wächst höchst leidenschaftlich; er bezieht sich auf den Menschen, der uns bevorteilt, und nährt sich in unversöhnlichem Haß.

Plagiat

nennt man die gröbste Art von Okkupation, wozu Kühnheit und Unverschämtheit gehört und die auch wohl deshalb eine Zeitlang glücken kann. Wer geschriebene, gedruckte, nur nicht allzu bekannte Werke benutzt und für sein Eigentum ausgibt, wird ein Plagiarier genannt. Armseligen Menschen verzeihen wir solche Kniffe; werden sie aber, wie es auch wohl geschieht, von talentvollen Menschen ausgeübt, so erregt es in uns auch bei fremden Angelegenheiten ein Mißbehagen, weil durch schlechte Mittel Ehre gesucht worden, Ansehen durch niedriges Beginnen.

Dagegen müssen wir den bildenden Künstler in Schutz nehmen, welcher nicht verdient, Plagiarier genannt zu werden, wenn er schon vorhandene, gebrauchte, ja bis auf einen gewissen Grad gesteigerte Motive nochmals behandelt.

Die Menge, die einen falschen Begriff von Originalität hat, glaubt ihn deshalb tadeln zu dürfen, anstatt daß er höchlich zu loben ist, wenn er irgend etwas schon Vorhandenes auf einen höhern, ja den höchsten Grad der Bearbeitung bringt. Nicht allein den Stoff empfangen wir von außen, auch fremden Gehalt dürfen wir uns aneignen, wenn nur eine gesteigerte, wo nicht vollendete Form uns angehört[161]).

Ebenso kann und muß auch der Gelehrte seine Vorgänger benutzen, ohne jedesmal ängstlich anzudeuten, woher es ihm gekommen; versäumen aber wird er niemals, seine Dankbarkeit gelegentlich auszudrücken gegen die Wohltäter, welche die Welt ihm aufgeschlossen, es mag nun sein, daß sie ihnen Ansicht über das Ganze oder Einsicht ins einzelne gestattet.

Posseß.

Nicht alle sind Erfinder, doch will jedermann dafür gehalten sein; um so verdienstlicher handeln diejenigen, welche gern und gewissenhaft anerkannte

Wahrheiten fortpflanzen. Freilich folgen darauf auch weniger begabte Menschen, die am Eingelernten festhalten, am Herkömmlichen, am Gewohnten. Auf diese Weise bildet sich eine sog. Schule und in derselben eine Sprache, in der man sich nach seiner Art versteht, sie deswegen aber nicht ablegen kann, ob sich gleich das Bezeichnete durch Erfahrung längst verändert hat.

Mehrere Männer dieser Art regieren das wissenschaftliche Gildenwesen, welches, wie ein Handwerk, das sich von der Kunst entfernt, immer schlechter wird, je mehr man das eigentümliche Schauen und das unmittelbare Denken vernachlässigt.

Da jedoch dergleichen Personen von Jugend auf in solchen Glaubensbekenntnissen unterrichtet sind und im Vertrauen auf ihre Lehre das mühsam erworbene in Beschränktheit und Gewohnheit hartnäckig behaupten, so läßt sich vieles zu ihrer Entschuldigung sagen, und man empfinde ja keinen Unwillen gegen sie. Derjenige aber, der anders denkt, der vorwärts will, mache sich deutlich, daß nur ein ruhiges, folgerechtes Gegenwirken die Hindernisse, die sie in den Weg legen, obgleich spät, doch endlich überwinden könne und müsse.

Usurpation.

Jede Besitzergreifung, die nicht mit vollkommenem Recht geschieht, nennen wir Usurpation; deswegen in Kunst und Wissenschaft im strengen Sinne Usurpation nicht stattfindet: denn um irgendeine Wirkung hervorzubringen, ist Kraft nötig, welche jederzeit Achtung verdient. Ist aber, wie es in allem, was auf die Menschen sittlich wirkt, leicht geschehen kann, die Wirkung größer, als die Kraft verdiente: so kann demjenigen, der sie hervorbringt, weder verdacht werden, wenn er die Menschen im Wahn läßt, oder auch wohl sich selbst mehr dünkt, als er sollte. Endlich kommt ein auf diese Weise erhaltener Ruf bei der Menge gelegentlich in Verdacht, und wenn sie sich darüber gar zuletzt aufklärt, so schilt sie auf einen solchen usurpierten Ruhm, anstatt daß sie auf sich selbst schelten sollte: denn sie ist es ja, die ihn erteilt hat.

Im Ästhetischen ist es leichter, sich Beifall und Namen zu erwerben: denn man braucht nur zu gefallen, und was gefällt nicht eine Weile? Im Wissenschaftlichen wird Zustimmung und Ruhm immer bis auf einen gewissen Grad verdient, und die eigentliche Usurpation liegt nicht in Ergreifung, sondern in Behauptung eines unrechtmäßigen Besitzes. Diese findet statt bei allen Universitäten, Akademien und Sozietäten. Man hat sich einmal zu einer Lehre bekannt, man muß sie behaupten, wenn man auch ihre Schwächen empfindet. Nun heiligt der Zweck alle Mittel, ein kluger Nepotismus weiß die Angehörigen emporzuheben. Fremdes Verdienst wird beseitigt, die Wirkung durch Verneinen, Verschweigen gelähmt. Besonders macht sich das Falsche dadurch stark, daß man es mit oder ohne Bewußt- sein wiederholt, als wenn es das Wahre wäre.

Unredlichkeit und Arglist wird nun zuletzt der Haupt- charakter dieses falsch und unrecht gewordenen Besitzes. Die Gegenwirkung wird immer schwerer: Scharfsinn verläßt geist- reiche Menschen nie, am wenigsten, wenn sie unrecht haben. Hier sehen wir nun oft Haß und Grimm in dem Herzen neu Strebender entstehen, es zeigen sich die heftigsten Äußerungen, deren sich die Usurpatoren, weil das schwachgesinnte, schwankende Publikum, dem es nach tausend Unschicklichkeiten endlich ein- fällt, einmal für Schicklichkeit zu stimmen, dergleichen Schritte beseitigen mag, zu ihrem Vorteil und zu Befestigung des Reiches gar wohl zu bedienen wissen.

In einem Nachtrage zu den „Meteoren des literarischen Himmels", betitelt „Erfinden und Entdecken", führt Goethe noch folgendes aus:

Es ist immer der Mühe wert, nachzudenken, warum die vielfachen und harten Kontestationen über Priorität bei Ent- decken und Erfinden beständig fortdauern und aufs neue entstehen. Zum Entdecken gehört Glück, zum Erfinden Geist, und beide können beides nicht entbehren. Dieses spricht aus und beweist, daß man ohne Überlieferung unmittelbar

perſönlich Naturgegenſtände oder deren Eigenſchaften gewahr
werden könne.

Das Erkennen und Erfinden ſehen wir als den vorzüg=
lichſten ſelbſt erworbenen Beſitz an und brüſten uns damit.

Der kluge Engländer verwandelt ihn
durch ein Patent ſogleich in Realitäten und
überhebt ſich dadurch alles verdrießlichen
Ehrenſtreites.

Aus obigem aber erſehen wir, wie ſehr wir von Autorität,
von Überlieferung abhängen, daß ein ganz friſches eigen=
tümliches Gewahrwerden ſo hoch geachtet wird; deshalb auch
niemand zu verargen iſt, wenn er nicht aufgeben will, was ihn
vor ſo vielen andern auszeichnet.

John Hunter, Spätling, Sohn eines Landgeiſtlichen,
ohne Unterricht bis ins 16. Jahr heraufgewachſen, wie er ſich
ans Wiſſen begibt, gewinnt ſchnell das Vorgefühl von vielen
Dingen, er entdeckt dieſes und jenes durch geniale Überſicht
und Folgerung; wie er ſich aber darauf gegen andere etwas
zugute tut, muß er zu ſeiner Verzweiflung erfahren, daß das
alles ſchon entdeckt ſei.

Endlich, da er als Proſektor ſeines viel älteren Bruders,
Profeſſor der Anatomie, wirklich im menſchlichen Körperbau
etwas Neues entdeckt, der Bruder aber in ſeinen Vorleſungen
und Programmen davon Gebrauch macht, ohne ſeiner zu ge=
denken, entſteht in ihm ein ſolcher Haß, es ergibt ſich ein Zwie=
ſpalt zwiſchen beiden, der zum öffentlichen Skandal wird und
nach großem, ruhmvoll durcharbeitetem Leben auf dem Tod=
bette ſich nicht ausgleichen läßt.

Solche Verdienſte des eigenen Gewahrwerdens ſehen wir
uns durch Zeitgenoſſen verkümmert, daß es not täte, Tag und
Stunde nachzuweiſen, wo uns eine ſolche Offenbarung ge=
worden. Auch die Nachkommen bemühen ſich, Überlieferungen
nachzuweiſen; denn es gibt Menſchen, die, um nur etwas zu
tun, das Wahre ſchelten und das Falſche loben und ſich aus der
Negation des Verdienſtes ein Geſchäft machen.

Um sich die Priorität zu bewahren einer Entdeckung, die
er nicht aussprechen wollte, ergriff Galilei ein geistreiches Mittel:
er versteckte seine Erfindung anagrammatisch in lateinische Verse,
die er sogleich bekannt machte, um sich gegebenenfalls ohne
weiteres dieses öffentlichen Geheimnisses bedienen zu können[162]).

Ferner ist Entdecken, E r f i n d e n , Mitteilen, Benutzen
so nahe verwandt, daß mehrere bei einer solchen Handlung
als e i n e Person können angesehen werden. Der Gärtner
entdeckt, daß Wasser in der Pumpe sich nur auf eine gewisse
Höhe heben läßt; der Physiker verwandelt eine Flüssigkeit in
die andere, und ein großes Geheimnis kommt an den Tag;
eigentlich war jener der Entdecker, dieser der Erfinder.

Ein Kosak führte den Reisenden Pallas[163]) zu der großen
Masse gediegenen Eisens in der Wüste; jener ist Erfinder, dieser
der Aufdecker zu nennen; es trägt seinen Namen (Pallasit),
weil e r es uns bekanntgemacht hat.

Ein merkwürdiges Beispiel, wie die Nachwelt irgendeinem Vorfahren die Ehre zu rauben geneigt ist, sehen wir
an den Bemühungen, die man sich gab, Christoph Colomb die
Ehre der Entdeckung der Neuen Welt zu entreißen. Freilich
hatte die Einbildungskraft den westlichen Ozean schon längst
mit Inseln und Land bevölkert, daß man sogar in der ersten
düsteren Zeit lieber eine ungeheure Insel[164]) untergehen ließ,
als daß man diese Räume leer gelassen hätte. Freilich waren
die Nachrichten von Asien her schon weit herangerückt, Kühn-
gesinnten und Wagehälsen genügte die Küstenschiffahrt nicht
mehr, durch die glückliche Unternehmung der Portugiesen war die
ganze Welt in Erregung; aber es gehörte denn doch zuletzt ein
Mann dazu, der das alles zusammenfaßte, um Fabel und Nachrichten, Wahn und Überlieferung in Wirklichkeit zu verwandeln.

Von sonstigen Äußerungen Goethes über Erfinden und
Entdecken mögen folgende hier Platz finden:

> Wie etwas so leicht,
> Weiß, der es erfunden und der es erreicht.

Alles Erfinden kann als eine weise Antwort auf eine vernünftige Frage angesehen werden.

———

Kein langes Nachdenken kann die Erfindung erseßen, die bloß Sache des Moments ist.

———

Alles Gescheite ist schon gedacht worden; man muß nur versuchen, es noch einmal zu denken.

———

Alles, was wir Erfinden, Entdecken, im höheren Sinne nennen, ist die bedeutende Ausübung, Betätigung eines originalen Wahrheitsgefühles, das im stillen längst ausgebildet, unversehens mit Blißesschnelle zu einer fruchtbaren Erkenntnis führt. Es ist eine aus dem Innern am Äußeren sich entwickelnde Offenbarung, die den Menschen seine Gottähnlichkeit vorahnen läßt. Es ist eine Synthese von Welt und Geist, welche von der ewigen Harmonie des Daseins die seligste Versicherung gibt.

———

Was ist das Erfinden?
Es ist der Abschluß des Gesuchten.

———

Gar vieles kann lange erfunden, entdeckt sein und es wirkt nicht auf die Welt; es kann wirken und doch nicht bemerkt werden, wirken und nicht ins Allgemeine greifen: Deswegen jede Geschichte der Erfindung sich mit den wunderbarsten Rätseln herumschlägt.

———

Das ist eine von den vielen Sünden;
Sie meinen: Rechnen, das sei Erfinden.
Und weil sie so viel Recht gehabt,
Sei ihr Unrecht mit Recht begabt.
Und weil ihre Wissenschaft exakt,
So sei keiner von ihnen vertrackt.

———

Wüßte nicht, was sie Besseres erfinden könnten,
Als wenn die Lichter ohne Pußen brennten.

———

Der Teleolog.
Welche Verehrung verdient der Weltenschöpfer, der gnädig,
Als er den Korkbaum schuf, gleich auch die Stöpsel erfand!

———

Selbst erfinden ist schön; doch glücklich von andern Gefundnes
Fröhlich erkannt und geschäßt, nennst du das weniger dein?

Die Deutschen, und sie nicht allein, besitzen die Gabe, die Wissenschaften unzugänglich zu machen. — Der Engländer ist
Meister, das Entdeckte gleich zu nutzen, bis es wieder zur neuen
Entdeckung und frischen Tat führt. Man frage nun, warum sie uns überall
voraus sind?

Das Jahr 1822 brachte Goethe in persönliche Beziehungen
zu dem berühmten dänischen Physiker Orsted, der im
Goetheschen Hause einen Besuch abstattete. Diese Begegnung
verlief um so anregender, als kurz darauf Döbereiner nach
Weimar kam, um „vor Serenissimo und einer gebildeten Gesellschaft die wichtigen Versuche galvanisch-magnetischer wechsel-
seitiger Einwirkungen mit Augen sehen zu lassen und erklärende
Bemerkungen anzuknüpfen".

Im Jahr 1825 beging Goethe die Feier seines
50 jährigen Dienstjubiläums. Karl August nahm
Gelegenheit, die Gefühle der Dankbarkeit in folgendem Hand-
schreiben zum Ausdruck zu bringen:

Sehr wertgeschätzter Herr Geheimer Rat
und Staatsminister!

Gewiß betrachte Ich mit allem Rechte den Tag, wo Sie,
Meiner Einladung folgend, in Weimar eintrafen, als den
Tag des wirklichen Eintritts in Meinen Dienst, da Sie von
jenem Zeitpunkte an nicht aufgehört haben, Mir die er-
freulichsten Beweise der treuesten Anhänglichkeit und Freundschaft durch Widmung Ihrer seltenen Talente zu geben.
Die fünfzigste Wiederkehr dieses Tages erkenne Ich sonach
mit dem lebhaftesten Vergnügen als das Dienstjubiläum
Meines ersten Staatsdieners, des Jugendfreundes, der mit
unveränderter Treue, Neigung und Beständigkeit Mich bisher
in allen Wechselfällen des Lebens begleitet hat, dessen um-
sichtigem Rat, dessen lebendiger Teilnahme und stets wohl-
gefälliger Dienstleistung Ich den glücklichen Erfolg der wichtigsten Unternehmungen verdanke, und den für immer gewonnen zu haben, Ich als eine der höchsten Zierden Meiner
Regierung achte. Des heutigen Jubelfestes hohe Veranlassung

gern benutzend, um Ihnen diese Gesinnungen auszudrücken, bitte Ich der Unveränderlichkeit derselben sich überzeugt zu halten.

Weimar, den 7. November 1825.

Carl August.

Als weiterer Ausdruck seiner Dankbarkeit ließ der Groß=herzog zu Ehren Goethes eine sein und der Großherzogin Bildnis tragende Denkmünze prägen.

Am 14. Juni 1828 starb Karl August. Der Tod seines fürstlichen Freundes erschütterte Goethe aufs tiefste. Wohl waren zwischen jenem und ihm im Laufe der vielen Jahre Meinungsverschiedenheiten und Verstimmungen aufgetreten. Sie hatten sich aber stets immer wieder ausgeglichen, und als Karl August am 3. September 1825 sein 50 jähriges Regierungs=jubiläum feierte, konnte Goethe nur die Worte „bis zum letzten Hauch beisammen" hervorbringen. Nach Empfang der Todes=nachricht schrieb Goethe an Sulpice Boisserée: „Die dem edlen Fürsten wahrhaft angehörigen Hinterbliebenen kennen nun keine weitere Pflicht noch Hoffnung, als seinen herrlichen, ins Allgemeine gehenden Zwecken auch ferner nachzuleben."

Als Goethe am 28. August 1829 seinen 80. Geburtstag feierte, war es einem Werke der Technik beschieden, ihm eine besondere unerwartete Freude zu bereiten. Der Großherzog von Mecklenburg=Strelitz machte ihm in sinniger Aufmerksam=keit die alte Wanduhr des Frankfurter Vaterhauses zum Ge=schenk. Es war dies dieselbe Uhr, die, als Goethe während seines Frankfurter Aufenthaltes im Juli 1814 an seinem Vater=hause vorüberging, durch ihren Schlag die Bilder längst ver=gangener Tage in seiner Seele erweckt hatte und nach dem Tode der Mutter in fremde Hände übergegangen war. Die Uhr war ohne Goethes Wissen in seinem Hause aufgestellt und überraschte ihn morgens durch ihren Glockenschlag. Nach einer anderen Lesart wurde Goethe durch diese Überraschung erfreut, als er am 1. September 1828 von Schloß Dornburg, wohin er

sich im Schmerze um den dahingeschiedenen Großherzog zurück-
gezogen hatte, nach Weimar zurückkehrte.

Nach wie vor brachte Goethe auch unter dem Nachfolger
Karl Augusts allem, was seine amtliche Tätigkeit umfaßte,
das regste Interesse entgegen. Sprechende Beispiele hierfür
liefern die von uns auf Seite 152 und folgende wiedergegebenen amtlichen Berichte.

Der Oberbaudirektor C o u d r a y hat uns einen genauen
Bericht über die letzten Lebenstage Goethes hinterlassen. Noch
kurz bevor die tobbringende Krankheit sich entspann, ließ sich
Goethe die Zeichnungen der im Bau begriffenen Kunststraße
Weimar—Blankenhain—Rudolstadt vorlegen und sprach die
Absicht aus, den schwierigsten Teil des Baues, einen 300 Fuß
langen und 36 Fuß hohen Damm demnächst zu besichtigen.
Bei dieser Gelegenheit führte Coudray einen Holzkegel vor,
der sich derart auseinandernehmen ließ, daß man die verschiedenen Kegelschnitte erkennen konnte. Goethe fand hieran
einen so großen Gefallen, daß er sich für seinen Gebrauch ebenfalls einen solchen Kegel anfertigen ließ. Wenige Tage darauf,
am 22. März 1832, „machte", wie der behandelnde Arzt berichtet, „ein ungemein sanfter Tod das Glücksmaß eines reich
begabten Daseins voll".

Wir können unsern Versuch, Goethe als einen hervorragenden, weit ausschauenden und erfolgreichen Bahnbrecher
der in der Technik verkörperten Naturwissenschaften in Anspruch zu nehmen, nicht besser beschließen, als durch eine Gegen-
überstellung einer Äußerung aus seinen letzten Lebensjahren
mit einer verwandten Äußerung, die W e r n e r v o n
S i e m e n s [165] getan hat.

Goethe.	Werner von Siemens.
Wenn ich aber in den Gegen-ständen, die in meinem Wege lagen, etwas geleistet, so kam mir dabei zugute, daß mein Leben in eine Zeit fiel, die an großen Entdeckungen in der Natur	Denn mein Leben war schön, weil es wesentlich erfolgreiche Mühe und nützliche Arbeit war, und wenn ich schließlich der Trauer darüber Aus-druck gebe, daß es seinem Ende ent-gegengeht, so bewegt mich dazu der

reicher war, als irgend eine andere. — — — — — — — Jetzt werden Fortschritte getan, auch auf den Wegen die ich einleitete, wie ich sie nicht ahnen konnte, und es ist mir wie einem, der der Morgenröte entgegengeht und über den Glanz der Sonne erstaunt, wenn diese hervorleuchtet.

Schmerz, daß ich von meinen Lieben scheiden muß, und daß es mir nicht vergönnt ist, an der vollen Entwicklung des naturwissenschaftlichen Zeitalters erfolgreich weiter zu arbeiten.

Aus diesen Worten zweier gottbegnadeter Sterblicher leuchtet in gleich hohem Maße die Begeisterung für die großartigen Erfolge hervor, die die Menschheit der praktischen Anwendung der Naturwissenschaften verdankt.

Anmerkungen.

¹) **Alexander von Humboldt**, geb. 14. September 1769 zu Berlin, gestorben 6. Mai 1859 zu Berlin, unternahm mit dem französischen Botaniker Aimé Bonpland in den Jahren 1799 bis 1804 Reisen durch Venezuela, das Orinokogebiet, Kuba usw. Lebte bis 1827 in Paris, siedelte dann nach Berlin über, wo er Vorlesungen über Erdkunde hielt. In Gemeinschaft mit Ehrenberg und Rose unternahm er 1829 eine Reise durch Zentralasien. Sein Hauptwerk, der fünfbändige „Kosmos", erschien in den Jahren 1845 bis 1862.

²) **Bertel Thorwaldsen**, geb. 19. November 1770 zu Kopenhagen, gest. 24. März 1844 zu Kopenhagen. Meist antike Motive behandelnder Bildhauer. Seine bedeutendsten Werke sind: die drei Grazien, der segnende Christus und die Statuen von Gutenberg (Mainz) und Schiller (Stuttgart).

³) **Aimé Bonpland**, geb. 22. August 1773 zu La Rochelle, gest. 4. Mai 1858 zu Santa Anna in Argentinien. Bedeutender Naturforscher und Weltreisender.

⁴) Als am 3. September 1825 das fünfzigjährige Regierungsjubiläum des Großherzogs Karl August von Sachsen-Weimar gefeiert wurde, hatte Goethe an seinem Hause Embleme angebracht, unter denen auch ein die Büste der Natur enthüllender Genius sich befand. Im folgenden Jahre dichtete Goethe zu diesen Emblemen Verse; die zu dem die Büste der Natur enthüllenden Genius gehörigen Verse lauteten:

Genius, die Büste der Natur enthüllend.

> Bleibe das Geheimnis teuer!
> Laß den Augen nicht gelüsten!
> Sphinx-Natur, ein Ungeheuer,
> Schreckt sie dich mit hundert Brüsten.
> Anschaun, wenn es dir gelingt,
> Daß es erst ins Innre bringt,
> Dann nach außen wiederkehrt,
> Bist am herrlichsten belehrt.

⁵) Friedrich Wilhelm Riemer, geb. 19. April 1774 zu Glatz, gest. 19. Dezember 1845. War seit 1803 Hauslehrer von Goethes Sohn August. 1812 wurde er Professor am Gymnasium zu Weimar, 1814 zweiter Bibliothekar, 1837 Oberbibliothekar, 1831 Hofrat, 1841 Geheimer Hofrat.

⁶) Dädalus. In der Sage des Altertums der Vertreter der mannigfachsten Kunstfertigkeit. Erbauer des Labyrinths und des ersten Flugapparates.

⁷) Johann Heinrich Winckler, geb. 12. März 1703 zu Wingendorf, Oberlausitz, gest. 1770 zu Leipzig, Professor der Physik zu Leipzig, bekannt als Verbesserer der Elektrisiermaschine.

⁸) Dr. Wilhelm Heinrich Sebastian Buchholz, geb. 1734, gest. 1788, Hofapotheker in Weimar.

⁹) Johann Friedrich August Göttling, geb. 1755 zu Derenburg bei Halberstadt, gest. 1809 zu Jena, wo er seit 1787, nachdem der Herzog Karl August von Weimar ihn hatte studieren lassen, als Professor der Chemie tätig war. Göttling veröffentlichte im „Reichsanzeiger der Deutschen", Nr. 74 im Jahre 1799, daß er einen weißen von allem Nebengeschmacke freien Zucker aus Rüben erhalten habe; er gewann 5,5 % bis 6 % Rohzucker durch kalte Mazeration. Er veröffentlichte im Jahre 1799 „Dr. J. F. A. Göttling's Professors zu Jena Zuckerbereitung aus den Mangolbarten. Beym Verfasser."

¹⁰) Johann Baptist van Helmont, geb. 1577 zu Brüssel, gest. 30. Dezember 1644 zu Bilvorde bei Brüssel. Mystisch angehauchter Arzt und Naturphilosoph; schrieb »Ortus medicinae«.

¹¹) Hier sind die bahnbrechenden Arbeiten Lavoisiers gemeint; vgl. S. 13.

¹²) Max Maria von Weber, geb. 25. April 1822 zu Dresden, Sohn des Komponisten Karl Maria v. Weber, gest. 18. April 1881. Hervorragender Techniker und Schriftsteller.

¹³) Karl I., Herzog von Braunschweig, geb. 1. August 1713, gest. 26. März 1780. Seit 1733 vermählt mit Philippine Charlotte, Prinzessin von Preußen, Schwester Friedrich des Großen. Er war der Reformator des gesamten Bildungswesens seines Landes.

¹⁴) Johann Friedrich Wilhelm Jerusalem, geb. 22. November 1709 zu Osnabrück, gest. 2. September 1789. Hof- und Reiseprediger des Herzogs Karl I. von Braunschweig. Hervorragender Theologe und Kanzelredner, Abt und Vizepräsident des herzoglichen Konsistoriums zu Wolfenbüttel.

¹⁵) Anna Amalia, Herzogin von Sachsen-Weimar, geb. 24. Oktober 1739 zu Wolfenbüttel als Tochter des Herzogs Karl von Braunschweig, gest. 10. April 1807 zu Weimar. Führte nach dem Tode ihres Gatten, des Herzogs Ernst August Konstantin von Weimar die Regierung bis zum 3. September 1775 für ihren Sohn Karl August. Auf ihren Einfluß erfolgte die Berufung Goethes, Herders und Wielands nach Weimar.

¹⁶) Karl August, Herzog von Sachsen-Weimar, seit dem Wiener Kongreß, 1815, Großherzog, geb. 3. September 1757, gest. 14. Juni 1828. Übernahm am 3. September 1775 die Regierung; vermählte

fich am 3. Oftober 1775 mit Luiſe von Heſſen-Darmſtadt (geb. 30. Januar 1757, geſt. 14. Februar 1830), nahm am Feldzuge 1792/93 als preußiſcher Generalmajor teil; 1806 mußte er dem Rheinbund beitreten.

[17]) Karl Wilhelm Jeruſalem, Sohn des braunſchweigiſchen Abts J. Fr. W. Jeruſalem, geb. 21. März 1747, erſchoß ſich am 29. Oftober 1772 zu Wetzlar wegen unglücklicher Liebe.

[18]) Freiherr Gottfried Wilhelm von Leibniz, geb. 1. Juli 1646 zu Leipzig, geſt. 14. November 1716 zu Hannover. Mathematiker, Staatsmann, Theologe und Rechtsgelehrter; Erfinder der Infiniteſimalrechnung. Seit dem Jahre 1700 Präſident der von ihm begründeten Akademie der Wiſſenſchaften zu Berlin.

[19]) Iſaac Newton, geb. am 25. Dezember 1642 altengliſchen oder am 5. Januar 1643 neuen Stils zu Woolsthorpe in Lincolnſhire, geſt. 20. März 1727. 1665 wurde er Bakkalaureus an der Univerſität Cambridge, wo er die Zuſammenſetzung des weißen Lichtes aus unendlich vielen — oder ſieben — Farben und das Geſetz der Gravitation der Maſſen entdeckte. 1669 wurde Newton Profeſſor der Mathematik in Cambridge, 1672 Mitglied der König- lichen Geſellſchaft der Wiſſenſchaften in London. Noch im Jahre 1675 war er ſo arm, daß ihm die Perſonenſteuer erlaſſen wurde, und ſein Werk »Philo- sophiae naturalis Principia mathematica« im Jahre 1687 auf Koſten der Königlichen Geſellſchaft der Wiſſenſchaften gedruckt wurde. 1695 wurde Newton Aufſeher der Londoner Münze mit einem Jahresgehalt von 1500 Lſtrl.; im Jahre 1703 erhielt er das Präſidium der Königlichen Geſellſchaft der Wiſſen- ſchaften. Im Jahre 1704 erſchien ſein berühmteſtes, von Goethe in ſeinen „Beiträgen zur Optik" und der „Farbenlehre" ſcharf angegriffenes Werk »Opticks or a Treatise of the Reflections, Refractions, Inflections and Colours of Light«. Das folgende Jahr brachte ihm die Ritterwürde. Sein Sarkophag in der Weſtminſterabtei trägt in lateiniſcher Sprache folgende Inſchrift:

Hier ruht

Der Ritter Sir Iſaac Newton,

Welcher durch faſt himmliſche Geiſteskraft, der Planeten Bewegung, Geſtalten,
Der Kometen Bahnen, des Ozeans Ebbe und Flut,
Indem ſeine Mathematik ihm den Weg zeigte,
Zuerſt bewies;
Der Lichtſtrahlen Ungleichheiten,
Der daraus entſtehenden Farben Eigentümlichkeiten,
Die keiner vorher auch nur gemutmaßt hatte, erforſchte.
Der Natur, der Altertümer, der Heiligen Schrift
Fleißiger, ſcharfſinniger und treuer Erklärer;
Des Allmächtigen Gottes Majeſtät verherrlichte er in ſeiner Philoſophie,
Die Einfalt des Evangeliums zeigte er in ſeinem Wandel.

Mögen die Sterblichen sich freuen, daß er unter ihnen lebte,
Diese Zierde des Menschengeschlechts.

Geboren den 25. Dezember 1642, gestorben 20. März 1727.

²⁰) Otto von Guericke, geb. 20. November 1602 zu Magdeburg, gest. 11. Mai 1686 zu Hamburg, war von 1646 bis 1681 Bürgermeister von Magdeburg. Er stellte die ersten grundlegenden Untersuchungen des Luftdrucks an und erfand die erste Elektrisiermaschine.

²¹) Benjamin Franklin, geb. 17. Januar 1706 zu Boston, gest. 17. April 1790 zu Philadelphia, Buchdruckereibesitzer und bei den Unabhängigkeitskämpfen der Vereinigten Staaten hervorragend beteiligter Staatsmann. Franklin erfand auf Grund der mit einem Papierdrachen unternommenen luftelektrischen Beobachtungen den Blitzableiter. In Anerkennung dessen empfing ihn b'Alembert (vgl. Anmerkung 101) bei seiner Aufnahme in die Französische Akademie mit folgendem Hexameter:

Eripuit caelo fulmen, sceptrumque tyrannis.

²²) Luigi Galvani, geb. 9. September 1737 zu Bologna, gest. 4. Dezember 1798, war Professor der Anatomie zu Bologna.

²³) Graf Alessandro Volta, geb. 18. Februar 1745 zu Como, gest. 5. März 1827 zu Como. War von 1779 bis 1804 Professor der Physik zu Pavia; er erfand den elektrischen Kondensator, das Eudiometer und die sog. Voltasche Säule, die die Entdeckung des Galvanismus praktisch verwertete.

²⁴) Sir Humphry Davy, geb. 17. Dezember 1778 zu Penzance in Cornwall, gest. 29. Mai 1829 in Genf. Entdeckte die Alkalimetalle und die Zersetzbarkeit der Stoffe mittels des elektrischen Stromes; er erfand die Sicherheits-Grubenlampe mit Drahtsiebzylinder.

²⁵) Hans Christian Orsted, geb. 14. August 1777, zu Rudkjöbing, gest. 9. März 1851, Direktor der Polytechnischen Schule zu Kopenhagen, entdeckte die Ablenkung der Magnetnadel durch den elektrischen Strom.

²⁶) Michael Faraday, geb. 22. September 1791 zu Newington, gest. 25. August 1867 zu Hamptoncourt, entdeckte u. a. die magneto-elektrische Induktion.

²⁷) André Marie Ampère, geb. 22. Januar 1775 zu Lyon, gest. 10. Juni 1836 zu Marseille, stellte eine Theorie der elektrodynamischen Phänomene auf.

²⁸) Claude Chappe, geb. zu Brulon, Departement Sarthe, 1763, endete durch Selbstmord am 23. Januar 1805, weil ihm die Priorität seiner Erfindung eines optischen Telegraphen streitig gemacht wurde.

²⁹) Samuel Thomas von Sömmering, geb. 18. Januar 1755 zu Thorn, gest. 2. März 1830 zu Frankfurt a. M.; war als Arzt und Professor der Anatomie und Physiologie zu Kassel, Mainz und München tätig. Er erfand einen auf elektrochemischer Wirkung beruhenden Telegraphen und unternahm in Kassel Versuche mit Luftballons, an denen sich Goethe beteiligte.

³⁰) **Karl Friedrich Gauß**, geb. 30. April 1777 zu Braunschweig, gest. 23. Februar 1855 zu Göttingen als Direktor der dortigen Sternwarte, erfand das geodätische Instrument „Heliotrop" zur Sichtbarmachung weit entfernter Punkte der Erdoberfläche und in Gemeinschaft mit Wilhelm Eduard Weber den elektromagnetischen Telegraphen. Gauß war einer der größten Mathematiker.

³¹) **Wilhelm Eduard Weber**, geb. 24. Oktober 1804 zu Wittenberg, gest. 23. Juni 1891 zu Göttingen, erfand in Gemeinschaft mit K. Fr. Gauß den elektromagnetischen Telegraphen. Weber, hervorragender Forscher auf dem Gebiete der theoretischen Physik, war einer der „Göttinger Sieben."

³²) **Johann Joachim Becher**, geb. 1635 zu Speyer, gest. zu London 1682. Professor der Chemie zu Mainz, Leibarzt des Kurfürsten von Bayern. Stellte eine Theorie der Chemie und des Verbrennungsprozesses auf.

³³) **Georg Ernst Stahl**, geb. 21. Oktober 1660 zu Ansbach, gest. 14. Mai 1734 zu Berlin als Königlicher Leibarzt. Begründer der phlogistischen Theorie.

³⁴) **Antoine Laurent Lavoisier**, geb. 14. August 1746 zu Paris, hingerichtet am 8. Mai 1794 zu Paris als Generalpächter der Steuern und Verwalter der Salpeter- und Pulverfabriken. Er entdeckte den Sauerstoff und die Zusammensetzung des Wassers, ersetzte die phlogistische Theorie Stahls durch die sog. Sauerstofftheorie und wurde hiermit der Begründer der modernen Chemie.

³⁵) **Marie Anne Piorette Lavoisier**, Gattin des Vorigen, geb. Paulze, geb. 1758, gest. 10. Februar 1836. War mit Lavoisier seit dem 16. Dezember 1771 vermählt, verheiratete sich am 22. Oktober 1805 mit Graf Rumford; diese Ehe wurde nach Verlauf von vier Jahren gelöst.

³⁶) **Graf Benjamin Thompson Rumford**, geb. 26. März 1753 zu Woburn (Massachusetts), gest. 22. August 1814 zu Auteuil, bekannter Physiker und Philanthrop. Kämpfte als englischer Obrist im amerikanischen Unabhängigkeitskriege; lebte von 1784 bis 1799 in München, wo er in den Grafenstand erhoben wurde.

³⁷) **Torbern Bergmann**, geb. 1735 zu Katharinenburg in Schweden, gest. 1784. Ursprünglich Theologe und Jurist, studierte er Mathematik und Naturwissenschaften und wurde 1767 Professor der Chemie in Upsala. Einen an ihn ergangenen Ruf Friedrichs des Großen nach Berlin lehnte er ab.

³⁸) **Andreas Sigismund Marggraf**, geb. 3. März 1709 zu Berlin, gest. 7. August 1782 zu Berlin, entdeckte den Zucker in der Runkelrübe, die Magnesia und die Tonerde.

³⁹) **Franz Karl Achard**, geb. 28. April 1753 zu Berlin, gest. 20. April 1821 in Cunern in Schlesien, wo er die erste Zuckerrübenfabrik begründet hatte.

⁴⁰) **Nicolas Leblanc**, dessen Verfahren noch heute die größte Menge der auf der Erde gebrauchten Soda lieferte, starb 1806 im Armenhause.

41) James Watt, geb. 19. Januar 1736 zu Greenock, gest. 25. August 1819 zu Geathfield, wurde durch Erfindung des Kondensators, des Regulators usw. der Schöpfer der modernen Dampfmaschine.

42) Robert Fulton, geb. 1765 zu Little Britain in Pennsylvanien, gest. 24. Februar 1815.

43) George Stephenson, geb. 8. Juni 1781 zu Wylam in Northumberland, gest. 12. August 1848 zu Taptonhouse bei Chesterfield. Erbaute im Jahre 1814 seine erste Lokomotive, 1825 erbaute er die Eisenbahn Stockton-Darlington und 1829 die Eisenbahn Liverpool-Manchester.

44) Thomas Carlyle, geb. 4. Dezember 1795 zu Ecclefechan in Schottland, gest. 5. Februar 1881 zu London. Mit Goethe in regem Gedankenaustausch stehender englischer Schriftsteller.

45) Cugnot's Wagen erzielte keine praktisch nennenswerte Geschwindigkeit.

46) Richard Trevithick, geb. 13. April 1771 zu Camborne in Cornwall, gest. 1833.

47) Karl von Drais, geb. 1785, gest. 1851.

48) Karl August Varnhagen von Ense, geb. 21. Februar 1785 zu Düsseldorf, gest. 10. Oktober 1858 zu Berlin, war Offizier in österreichischen und in russischen Diensten, zuletzt Schriftsteller und preußischer Diplomat.

49) Jaques Etienne Montgolfier, geb. 7. Januar 1745 zu Vidabon les Annonay (Ardeche), seines Zeichens Papierfabrikant, gest. 2. August 1799 zu Servieres; Joseph Michael Montgolfier, Bruder des Vorigen, geb. 1740, gest. 26. Juni 1810, erfand außer dem Luftballon den hydraulischen Widder und den Fallschirm.

50) Jaques Alexandre César Charles, geb. 12. November 1746 zu Beaugency, gest. 7. April 1823 zu Paris.

51) Jean Francois Pilatre de Rozier, geb. 30. März 1756, verunglückte am 14. Juni 1785 gemeinsam mit dem Physiker Romain bei dem Versuche, den Kanal im Ballon zu überfliegen.

52) Hargreaves, zog sich den Haß der Textilarbeiter zu und starb in Armut.

53) Sir Richard Arkwright, geb. 23. Dezember 1732 (1740) zu Preston, gest. 3. August 1792 zu Cromford, war ursprünglich Barbier.

54) Samuel Crompton, geb. 3. Dezember 1753 zu Firwood, gest. 24. Januar 1827 zu Hall in the Wood, war seines Zeichens Weber.

55) Dr. Edmund Cartwright, geb. 24. April 1743 zu Marnham, gest. 30. Oktober 1823 zu Hastings, war von Beruf Geistlicher.

56) Joseph Marie Jacquard, geb. 7. Juli 1752 zu Lyon, gest. 7. August 1834 zu Ouillins.

57) William Murdoch, geb. 21. August 1754 in Bellom Mill (Ayrshire), gest. 15. November 1839 zu Sycamore Hill. Erbaute die erste

Gasanstalt für die Maschinenfabrik von J. Watt u. Boulton in Soho. Erfand auch die oszillierende Dampfmaschine.

⁵⁸) Johann Wolfgang Döbereiner, geb. 13. Dezember 1780 zu Hof, gest. 24. März 1849 zu Jena. War ursprünglich Pharmazeut und übernahm dann auf Betreiben seiner Verwandtschaft im Jahre 1803 ein kaufmännisches Geschäft, das er nach zwei Jahren wieder aufgeben mußte. Nunmehr widmete er sich dem Studium der Chemie und wurde durch Goethe im Jahre 1810 nach Jena berufen. Er wurde von Herzog Karl August von Weimar zum Bergrat, zum Hofrat und schließlich zum Geheimen Hofrat ernannt. Im Jahre 1857 wurde ihm auf dem Fürstengraben zu Jena ein Denkmal errichtet. Er verfaßte u. a. folgende zum Teil bahnbrechende Werke: „Zur pneumatischen Chemie", 5 Bände; „Zur Gärungschemie"; „Über neu entdeckte, höchst merkwürdige Eigenschaften des Platins"; „Grundriß der allgemeinen Chemie"; „Elemente der pharmazeutischen Chemie" und erfand die nach ihm benannte Zündmaschine.

⁵⁹) Alois Senefelder, geb. 6. November 1771 zu Prag, gest. 26. Februar 1834 zu München.

⁶⁰) Friedrich König, geb. 17. April 1774 zu Eisleben, gest. 17. Jan. 1833. Begründete mit Andreas Friedrich Bauer (geb. 18. August 1783 zu Stuttgart, gest. 27. Februar 1860) die Schnellpressenfabrik König & Bauer in Oberzell, die später nach Würzburg verlegt wurde.

⁶¹) Johann Nikolaus von Dreyse, geb. 20. November 1787, zu Sömmerda, gest. 9. Dezember 1867.

⁶²) Sir Marc Isambard Brunel, geb. 25. April 1769 zu Hacqueville (Departement Eure), gest. 12. Dezember 1849, erbaute in den Jahren 1825 bis 1842 den Themsetunnel zu London.

⁶³) Johann Kaspar Goethe, geb. 1710 zu Frankfurt a. M., gest. 25. Mai 1782 zu Frankfurt a. M., Kaiserlicher Rat, seit 20. August 1748 vermählt mit Katharina Elisabeth Textor.

⁶⁴) Johann Benjamin Rothnagel, geb. 1729 zu Buch in Sachsen-Koburg, gest. 22. Dezember 1804. Unterrichtete Goethe im Jahre 1774 in der Ölmalerei.

⁶⁵) Susanna Katharina von Klettenberg, geb. 19. Dez. 1723 zu Frankfurt a. M., gest. 13. Dezember 1774 zu Frankfurt a. M. War mit Goethes Mutter verwandt und galt als das Haupt einer in Frankfurt a. M. ansässigen Herrenhutergemeinde. Goethe hat ihre hinterlassenen Aufzeichnungen als „Bekenntnisse einer schönen Seele" in „Wilhelm Meisters Lehrjahre" aufgenommen.

⁶⁶) Katharina Elisabeth Goethe, geb. Textor, geb. 19. Febr. 1731 zu Frankfurt a. M., gest. 13. September 1808 zu Frankfurt a. M.; vermählt seit dem 20. August 1748 mit dem Kaiserlichen Rat Johann Kaspar Goethe.

⁶⁷) Hermann Boerhave, geb. 31. Dezember 1668 zu Voorhout bei Leiden, gest. 23. September 1738. War ursprünglich Theologe und starb

als Professor der Heilkunde, der Chemie und Botanik an der Universität
Leiden.

⁶⁸) François de Théas, Comte de Thoranc, geb. 19. Jan. 1719
zu Grasse, gest. 15. August 1794. Führte, nachdem Frankfurt a. M. am Neu-
jahrstage 1759 von den Franzosen genommen war, dort die Rechtspflege als
Lieutenant du Roi und war bei Goethes Vater einquartiert. Die Schreib-
weise Thorane ist unzutreffend.

⁶⁹) Johann Peter Eckermann, geb. 21. September 1792 zu
Winsen (Hannover), gest. 3. Dezember 1854 zu Weimar. Wurde 1823 Goethes
Sekretär und veröffentlichte im Jahre 1836 „Gespräche mit Goethe in den
letzten Jahren seines Lebens“.

⁷⁰) Erwin von Steinbach, geb. 1240, gest. 17. Januar 1318,
erbaute die Westfassade des Straßburger Münsters.

⁷¹) Johann Joachim Winckelmann, geb. 9. Dezember 1717
zu Stendal, wurde am 8. Juni 1768 zu Triest ermordet. Der Hauptbegründer
der Archäologie und bahnbrechender Förderer des Interesses für die Antike.

⁷²) Adam Friedrich Oser, geb. 1. Februar 1717 zu Preßburg,
gest. 18. März 1799 zu Leipzig. Erteilte Goethe während seiner Leipziger
Studienzeit Unterricht im Zeichnen.

⁷³) Andrea Pallabio, geb. 1518 zu Vicenza, gest. 19. August 1580
zu Vicenza, der hervorragendste Architekt der italienischen Hochrenaissance.

⁷⁴) Melchior Boisserée, geb. 1786 zu Köln, gest. 14. Mai 1851
zu Köln.

⁷⁵) Sulpiz Boisserée, geb. 1783 zu Köln, gest. 2. Mai 1854 zu Köln.

⁷⁶) Friederike Elisabeth Brion, geb. 19. April 1752 zu Nieder-
röbern im Elsaß, gest. 3. April 1813 zu Meißenheim, Tochter des Pfarrers
Johann Jakob Brion und dessen Gemahlin Magdalena Salomea, geb. Schoell.

⁷⁷) Friedrich II., der Große, König von Preußen, geb. 24. Januar
1712, gest. 17. August 1786; König seit 31. Mai 1740.

⁷⁸) Joseph II., Römisch-deutscher Kaiser, geb. 13. März 1741, gest.
20. Februar 1790. Kaiser und Mitregent seit 18. August 1765.

⁷⁹) Justus Möser, geb. 14. Dezember 1720 zu Osnabrück, gest.
8. Januar 1794 zu Osnabrück. War Rechtsanwalt und advocatus patriae
zu Osnabrück, Syndikus der Osnabrücker Ritterschaft und Geheimreferendar
der Regierung.

⁸⁰) Johann Heinrich Merck, geb. 11. April 1741 zu Darmstadt,
beging Selbstmord am 27. Juni 1791 zu Darmstadt. War Kriegsrat und Schriftsteller, seit 1771 mit Goethe befreundet, auf den er einen großen Einfluß ausübte.

⁸¹) Charlotte Albertine Ernestine von Stein, geb.
v. Schardt, geb. 25. Dezember 1742 zu Weimar, gest. 6. Januar 1827 zu
Weimar. Hofdame der Herzogin Anna Amalia von Sachsen-Weimar, seit
dem 8. Mai 1764 verheiratet mit dem Stallmeister Josias Friedrich v. Stein.

[82]) **Friedrich von Müller**, geb. 13. April 1779 zu Kunreuth in Franken, gest. 21. Oktober 1849. War mit Goethe, der ihn zu seinem Testamentsvollstrecker ernannte, eng befreundet.

[83]) **Christian Gottlob Voigt**, geb. 23. Dezember 1743 zu Allstedt, gest. 22. März 1819.

[84]) **Johann Georg von Zimmermann**, geb. 8. Dezbr. 1728 zu Brugg, Kanton Aarau, gest. 7. Oktober 1795. Berühmter u. a. auch von Friedrich dem Großen konsultierter Leibarzt des Königs von England.

[85]) **Justus Christian von Lober**, geb. 12. März 1753, gest. 16. April 1832 zu Moskau. War von 1778 bis 1803 Professor der Medizin, Anatomie und Chirurgie in Jena. Goethe trieb bei ihm eifrig anatomische Studien, die ihn im Jahre 1784 zur Entdeckung des Zwischenkieferknochens beim Menschen führten.

[86]) **Friedrich Heinrich Jakobi**, geb. 25. Juni 1743 zu Düsseldorf, gest. 10. März 1819 zu München. Ursprünglich Kaufmann, später Schriftsteller und Philosoph; stand vorübergehend in Bayerischen Staatsdiensten.

[87]) **Karl Friedrich Zelter**, geb. 1758, gest. 1832, ursprünglich Maurermeister, später Direktor der Singakademie zu Berlin, Goethes musikalischer Berater.

[88]) **Klemens Wenzeslaus Coudray**, geb. 23. November 1775 zu Ehrenbreitstein, gest. 4. Oktober 1845 zu Weimar. Ursprünglich für den geistlichen Stand bestimmt; studierte in Paris, wurde in die Dienste des Prinzen von Oranien, Fürst von Fulda, berufen. Seit 20. April 1816 Oberbaudirektor zu Weimar.

[89]) **Orpheus**, der Sohn der Muse Kalliope, bezauberte durch seinen Gesang sogar die Steine, daß sie ihm folgten.

[90]) Wie aus einem an Charlotte von Stein im April 1787 aus Alcamo gerichteten Briefe hervorgeht, war dies der Tempel zu Segeste.

[91]) **Nikolaus Friedrich Thouret**, geb. 1767, gest. 1843.

[92]) **Mayer**, gebürtig aus Stäfa in der Schweiz, starb 1837 als Direktor der Großherzoglichen Kunstanstalt zu Weimar.

[93]) **Karl Friedrich Schinkel**, geb. 13. März 1781 zu Neu-Ruppin, gest. 9. Oktober 1841 zu Berlin als Oberlandesbaudirektor. Erbaute u. a. das Museum, das Schauspielhaus, die Bauakademie zu Berlin und Schloß Babelsberg.

[94]) **Christian Friedrich Tieck**, geb. 14. August 1776 zu Berlin, gest. 14. Mai 1851 zu Berlin; Bruder des Dichters Ludwig Tieck.

[95]) **Benvenuto Cellini**, geb. 3. November 1500 zu Florenz, gest. 13. Februar 1571. Bildhauer, Goldschmied und Erzgießer.

[96]) **Johann Kunkel**, geb. 1630 zu Rendsburg, gest. 1702 zu Stockholm. Versuchte in Gemeinschaft mit den Herzögen Franz Karl und Julius Heinrich von Lauenburg die Kunst des Goldmachens. Wurde 1679 Direktor

des alchymiſtiſchen Laboratoriums des Kurfürſten Friedrich Wilhelm von Brandenburg. Bei ſeinen Verſuchen, Gold zu machen, erfand er das Rubinglas; er war ein ernſthafter Chemiker, allerdings nicht einer der aufgeklärteſten. Das von Goethe benützte Buch Kunkels iſt die im Jahre 1689 erſchienene „Ars vitraria experimentalis oder Vollkommene Glasmacherkunſt".

⁹⁷) Unter Piſee verſteht man ein aus Sand, kleingeſchlagenen Steinen und Mörtel beſtehendes in Formen gegoſſenes Mauerwerk.

⁹⁸) Die Vorliebe Zelters für Wortſpiele, die er mit ſeinen Berliner Landsleuten teilte, kommt u. a. auch in einem an Goethe gerichteten Briefe zur Geltung, in dem er dieſem mitteilt, daß der um die Hebung der preußiſchen Wollinduſtrie hochverdiente Albrecht T h a e r den Beinamen „der deutſche Wollthaer" erhalten habe.

⁹⁹) T h o m a s J o h a n n S e e b e c k, geb. 1770 zu Reval, geſt. 1831 zu Berlin. Lebte von 1802 bis 1812 in Jena, in welchem Jahre er einem Rufe nach Berlin folgte; entdeckte im Jahre 1821 die Thermoelektrizität.

¹⁰⁰) K a r l L u d w i g v o n K n e b e l, geb. 30. November 1744, geſt. 23. Februar 1834. Hofmeiſter des Prinzen Konſtantin von Weimar.

¹⁰¹) J e a n l e R o n d d'A l e m b e r t, geb. 16. November 1717 zu Paris geſt. 29. Oktober 1783 zu Paris. Mathematiker und Philoſoph.

¹⁰²) C é ſ a r M a n ſ u è t e D e s p r e z, geb. 1792, geſt. 1863, Phyſiker.

¹⁰³) L u d o v i g o C i c c o l i n i, geb. 1767, Aſtronom zu Bologna.

¹⁰⁴) Goethe hat hier den Ausſpruch Platos im Sinne: Μηδεὶς ἀγεωμέτρητος εἰσίτω μὸυ τὴν στέγην.

¹⁰⁵) J o ſ e p h L o u i s L a g r a n g e, geb. 25. Januar 1736 zu Turin, geſt. 10. April 1813. War bereits im Alter von 17 Jahren Profeſſor der Mathematik an der Artillerieſchule zu Turin. Wurde im Jahre 1766 auf Vorſchlag d'Alemberts von Friedrich dem Großen zum Präſident der Berliner Akademie ernannt. Nach Friedrichs Tode ſiedelte er wieder nach Paris über und wurde 1789 in die Kommiſſion berufen, die das metriſche Syſtem einführen ſollte.

¹⁰⁶) Der Unterſchied der ſcheinbaren Orte eines und desſelben von verſchiedenen Standpunkten aus geſehenen Gegenſtandes.

¹⁰⁷) H e i n r i c h L u d e n, geb. 10. April 1780 zu Voſtedt, geſt. 28. Mai 1847. Hiſtoriker.

¹⁰⁸) R o g e r B a c o, geb. 1214 zu Ilcheſter iu Somerſet, geſt. 11. Juni 1292 (1294?), wegen ſeiner vielen Erfindungen, z. B. des Vergrößerungsglaſes, Doctor mirabilis genannt.

¹⁰⁹) C a r t e ſ i u s (René des Cartes), geb. 1596 zu La Haye, geſt. 1650 zu Stockholm. Stellte eine Theorie der Planetenbewegung um die Sonne und der Trabantenbewegung um die Planeten auf, wonach dieſe durch eine äußerſt feine Materie erklärt wurde, die ſich um jene Himmelskörper bewegt und die untergeordneten Himmelskörper mit fortreißt.

¹¹⁰) K a r l W i l h e l m R o ſ e lebte als Arzt und Geologe zu Endenich a. Rhein.

[111]) Graf Claude Louis von Berthollet, geb. 9. November zu Talloire in Savoyen, gest. 6. November 1822 zu Arcueil bei Paris. Erfand das Knallsilber.

[112]) Vis inertiae.

[113]) Unter einer Konservationsbrille versteht man eine Brille, die nicht die für das betreffende Auge erforderliche Stärke besitzt, sondern etwas schwächer ist.

[114]) Johann Friedrich Böttger, geb. 4. Februar 1682 zu Schleiz, gest. 13. März 1719. Erfand bei seinen im Dienste Augusts des Starken von Sachsen unternommenen alchemistischen Versuchen das Porzellan.

[115]) Diese Apparate befinden sich jetzt in den Sammlungen der Herzoglichen Technischen Hochschule zu Braunschweig.

[116]) August von Goethe, geb. 25. Dezember 1789 zu Weimar, gest. 27. Oktober 1830 zu Rom. Seit 1816 Kammerrat.

[117]) Die Universität Helmstedt.

[118]) Das Collegium Carolinum zu Braunschweig.

[119]) Joh. Jakob von Berzelius, geb. 29. August 1779 zu Westerlöta, Ostgotland, gest. 7. August 1848 zu Stockholm. Schöpfer der modernen anorganischen Chemie.

[120]) Sigmund Friedrich Hermbstädt, geb. 14. April 1760 zu Erfurt, gest. 22. Oktober 1833 zu Berlin. Berühmter Chemiker.

[121]) Die hier erwähnte Waidfabrikation, Herstellung einer blauen Farbe aus Waid, Isatis tinctoria, hatte in früheren Zeiten eine reiche Quelle des Erwerbs in der Gegend von Erfurt, Weimar, Arnstadt und Gotha gebildet, war aber durch den aus Java und Bengalen eingeführten Indigo völlig lahm gelegt. Aus dem Verbot, der englischen Einfuhr erwuchsen dem Thüringer Waidbau neue Hoffnungen.

[122]) Martin Heinrich Klapproth, geb. 1. Dezember 1743 zu Wernigerode, gest. 1. Januar 1817 zu Berlin. Sein in den Jahren 1795 bis 1815 erschienenes sechsbändiges Hauptwerk ist betitelt: „Beiträge zur chemischen Kenntnis der Mineralkörper."

[123]) Josiah Wedgwood, geb. 12. Juli 1730 zu Burslem, gest. 3. Januar 1795 zu Etruria. Begründer der englischen Tonindustrie, Erfinder des nach ihm benannten Steinzeugs. Hat eine Wärmeskala aufgestellt.

[124]) Decimus Magnus Ausonius, geb. 310 zu Burbigala, dem heutigen Bordeaux, gest. 395. Römischer Dichter.

[125]) Es handelt sich hier um das sog. Wassergas, bestehend aus 50 Volumprozenten Wasserstoff und 50 Volumprozenten Kohlenoxyd, das sich seiner Wohlfeilheit halber und wegen seiner hohen Heizkraft trotz seiner Giftigkeit immer und immer wieder in die Praxis eingeführt hat. Das Wassergas ist übrigens zuerst von Felice Fontana, geb. 15. April 1730 zu Pomarolo bei Roveredo, gest. 11. Januar 1805 zu Florenz erfunden.

[126]) Die Zambonische Säule ist eine Voltasche Säule, die aus Scheiben von Gold- und Silberpapier aufgebaut ist.

¹²⁷) Zu den „kalten" Farben zählten die blauen, violetten und ähnlichen Farben; zu den „warmen" Farben gehörten die gelbe und rote Farbe und deren Zwischenstufen.

¹²⁸) Marcus Marci, geb. 1595, gest. 1667, Professor zu Prag.

¹²⁹) Lucius Annaeus Seneca. Geb. 4 v. Chr., gest. 65 n. Chr. Römischer Philosoph, Lehrer des Nero; beteiligte sich an einer Verschwörung gegen diesen und endete, als er verurteilt wurde, durch Selbstmord.

¹³⁰) Aristoteles, geb. 384 v. Chr. zu Stagira, gest. 322 zu Chalcis auf Euböa. Griechischer Philosoph, Schüler des Plato. Begründer der Naturgeschichte und Metaphysik.

¹³¹) Den Inhalt dieses Spruches entnahm Goethe den „Enneaden" des Plotinos. Derselbe stammt jedoch, wie v. Lippmann im Goethe-Jahrbuch, Band XV, S. 267, mitteilt. von Plato her.

¹³²) Hermann von Helmholtz, geb. 31. August 1821 zu Potsdam, gest. 8. September 1894. Einer der erfolgreichsten Begründer der modernen Physik.

¹³³) Bernard le Bovier Fontenelle, geb. 11. Februar 1657 zu Rouen, gest. 9. Januar 1757. Französischer Schriftsteller.

¹³⁴) Johannes Müller, geb. 14. Juli 1801 zu Koblenz, gest. 28. April 1858 zu Berlin. Berühmter Physiologe.

¹³⁵) Rudolph Birchow, geb. 13. Oktober 1821 zu Schivelbein, gest. 5. September 1902 zu Berlin. Hervorragender Pathologe.

¹³⁶) Jean Senebier, geb. zu Genf 6. Mai 1742, gest. 22. Juli 1809. War der Erste, der auf tierisches und pflanzliches Leben Chemie und Physik anwendete.

¹³⁷) Artur Schopenhauer, geb. 22. Februar 1788 zu Danzig, gest. 21. September 1860 zu Frankfurt a. M. Philosoph.

¹³⁸) Georg Wilhelm Friedrich Hegel, geb. 27. August 1770 zu Stuttgart, gest. 14. November 1831 zu Berlin. Philosoph.

¹³⁹) Leopold von Henning, geb. 4. Oktober 1791 zu Gotha, gest. 5. Oktober 1866 zu Berlin.

¹⁴⁰) Heinrich Wilhelm Dove, geb. 6. Oktober 1803 zu Liegnitz, gest. 4. April 1879 zu Berlin. Physiker und Meteorologe.

¹⁴¹) John Tyndall, geb. zu Carlow in Irland 21. August 1820, gest. 4. Dezember 1893 zu London. Physiker.

¹⁴²) Emil Du Bois-Reymond, geb. 7. November 1818 zu Berlin, gest. 26. Dezember 1896. Physiologe.

¹⁴³) René Just Hauy, geb. 28. Februar 1743 zu St. Just, gest. 3. Juni 1822. Physiker, Mineraloge und Kristallograph.

¹⁴⁴) Malus, geb. 1775, gest. 1812. Ursprünglich Ingenieuroffizier, nahm als solcher an Napoleons Zug nach Ägypten teil. Später erfolgreicher Physiker.

¹⁴⁵) Bei dem polarifierten Licht erfolgen bie Schwingungen nur in einer Ebene, bei bem gewöhnlichen Licht bagegen in zu bem Strahl fenkrechten Richtungen.

¹⁴⁶) Der Blitzableiter wurde erft 1752 burch Benjamin Franklin erfunben.

¹⁴⁷) Peter Chriftian Wilhelm Beuth, geb. 28. Dezember 1781 zu Kleve, geft. 27. September 1853 zu Berlin.

¹⁴⁸) Chriftian Rauch, geb. 2. Januar 1777 zu Arolfen, geft. 3. Dez. 1857 zu Dresben. Bilbhauer; Schöpfer bes Grabbenkmals ber Königin Luife im Charlottenburger Maufoleum unb bes Denkmals Friebrich b. Gr. in Berlin.

¹⁴⁹) Dr. Johann Chriftoph Schmibt, Präfibent ber Kammer.

¹⁵⁰) Johann Heinrich Wilhelm Tifchbein, geb. 1751 zu Haina in Heffen, geft. 26. Juni 1829 zu Eutin. Kunftmaler.

¹⁵¹) Chriftoph Martin Wielanb, geb. 5. September 1733 zu Oberbolzheim, geft. 20. Januar 1823 zu Weimar. Seit 1772 Erzieher ber Weimarfchen Prinzen.

¹⁵²) Die Hüllenhaut, bie ber Embryo ber höheren Wirbeltiere währenb feiner Entwicklung im Ei um fich bilbet.

¹⁵³) Johann Kafpar Lavater, geb. 15. November 1741 zu Zürich, geft. 2. Januar 1801. Prebiger. Bekannt als Verfaffer ber „Phyfiognomifchen Fragmente zur Beförberung ber Menfchenkenntnis unb Menfchenliebe." Goethe war hierbei Lavaters Mitarbeiter.

¹⁵⁴) Francois Marie Arouet Voltaire, geb. 21. November 1694 zu Paris, geft. 30. Mai 1778 zu Paris. Dichter unb Philofoph. War eine Zeitlang ber Vertraute Friebrichs b. Gr.

¹⁵⁵) Karl Freiherr vom unb zum Stein, geb. 26. Oktober 1757 zu Naffau, geft. 29. Juli 1831 zu Kappenberg in Weftfalen. Preußens Reorganifator.

¹⁵⁶) Ottilie von Goethe, geb. von Pogwifch, geb. 31. Oktober 1796, geft. 26. Oktober 1872. War feit 17. Juni 1817 mit Goethes Sohn Auguft vermählt.

¹⁵⁷) Die Luft erfüllt wie eine gemeinfame Seele alles; fie ift in allen unb verbinbet alle miteinander. Daher verftehen viele witzige unb gewanbte Geifter unverhofft aus ber Luft basjenige, was ein anberer Menfch benkt.

¹⁵⁸) Beibe haben bie Differential- unb Integralrechnung erfunben

¹⁵⁹) Worträtfel.

¹⁶⁰) Das britifche Patentwefen batiert als das ältefte ber Erbe bereits vom Jahre 1623. In biefem Jahre erließ Jakob I. das »Statute of monopolies«.

¹⁶¹) Vgl. das letzte Distichon auf S. 185.

¹⁶²) Galilei legte in einem solchen Anagramm vom 11. Dezember 1610 die Entdeckung der Lichtphasen der Venus nieder.

¹⁶³) Peter Simon Pallas, geb. 22. September 1741 zu Berlin, gest. 8. September 1811 zu Berlin. Berühmter Forschungsreisender.

¹⁶⁴) Atlantis.

¹⁶⁵) Werner von Siemens, geb. 13. Dezember 1816 zu Lenthe (Hannover), gest. 6. Dezember 1892. Entdecker des dynamoelektrischen Prinzips, Mitbegründer der Firma Siemens & Halske, Begründer der modernen Elektrotechnik.

Literaturnachweis.

Goethes sämtliche Werke in verschiedenen Ausgaben.

Goethe-Jahrbuch. Herausgegeben von Ludwig Geiger; seit 1880 erscheinend.

A. Bielschowsky. Goethe. Sein Leben und seine Werke. München 1904.

K. Heinemann. Goethe. Leipzig 1903.

W. Bode. Stunden mit Goethe. Berlin 1904.

—. Goethes Gedanken. Berlin 1907.

—. Goethes Persönlichkeit. Berlin 1901.

Friedrich v. Müller. Goethe in seiner praktischen Wirksamkeit. 1832.

Johannes Falk. Goethe aus näherem persönlichen Umgang dargestellt. Leipzig 1832.

C. Vogel. Goethe in amtlichen Verhältnissen. Jena 1834.

Fr. W. Riemer. Mitteilungen über Goethe aus mündlichen und schriftlichen, gedruckten und ungedruckten Quellen. Berlin 1841.

Diezmann. Weimar-Album. Leipzig.

Neubert. Goethe-Bilderbuch für das deutsche Volk. Leipzig.

R. Springer. Die klassischen Stätten in Jena und Ilmenau. Berlin 1869.

Pasig. Goethe und Ilmenau. Weimar 1902.

M. Stieda. Ilmenau und Stützerbach. Leipzig 1902.

Brahm. Goethe und Berlin. 1840.

Goethe in Berlin. 1849.

Fr. W. Riemer. Briefwechsel zwischen Goethe und Zelter in den Jahren 1796 bis 1832. Leipzig 1832.

—. Briefe von und an Goethe. Leipzig 1846.

Briefwechsel des Herzogs Carl August von Sachsen-Weimar mit Goethe in den Jahren 1775 bis 1828. Weimar 1863 und 1873.

Schade. Briefe des Herzogs Carl August und Goethes an Professor Döbereiner in Jena. Weimar 1856.

Goethes Briefe an Charlotte v. Stein in verschiedenen Ausgaben.

Eggers. Briefe von Goethe an Christian Rauch. Leipzig 1880.

Sulpiz Boisserée. Seine Erinnerungen und Briefe, herausgegeben von seiner Witwe. Stuttgart 1862.

L. Geiger. Goethes Briefwechsel mit W. und A. v. Humboldt. Berlin 1909.

J. P. Eckermann. Gespräche mit Goethe in verschiedenen Ausgaben.

W. Frhr. v. Biedermann. Gespräche Goethes. 1889 bis 1896.

C. A. H. Burkhardt. Goethes Unterhaltungen mit dem Kanzler Friedrich v. Müller. Stuttgart 1870 und 1898.

A. Klippenberg. Friedrich Wilhelm Riemers Gedichte zu Goethes Ehren. Leipzig 1906.

Ideen zu einer Geographie der Pflanzen nebst einem Naturgemälde der Tropenländer von Al. v. Humboldt und A. Bonpland. Bearbeitet und herausgegeben von dem ersteren. Tübingen und Paris 1807.

Das 150 jährige Jubiläum der Herzoglichen Technischen Hochschule Carolo-Wilhelmina zu Braunschweig im Juli 1895. Braunschweig 1896.

J. M. Lappenberg. Reliquien der Fräulein Susanna Catharina von Klettenberg. Hamburg 1849.

Th. Schuler. Das Straßburger Münster. Straßburg 1817.

Ein alter Bauriß zu einem Turmhelm am Straßburger Münster. Herausgegeben von der Bernischen Künstlergesellschaft. Bern 1883.

O. B. Scamozzi. Le fabriche e i disegni di Andrea Palladio. Vicenza 1796.

Mauch. Die architektonischen Ordnungen der Griechen, der Römer und der neueren Meister. Potsdam 1842.

J. C. W. Voigt. Geschichte des Jlmenauischen Bergbaues. Sondershausen und Nordhausen 1821.

Schriften des Vereins für Sozialpolitik. Die Hausindustrie im nördlichen Thüringen. Berichte von Dr. H. Lehmann, Gau und Neubert. Leipzig 1889.

M. Littmann. Das Großherzogliche Hoftheater in Weimar. München 1908.

Cl. W. Coudray. Goethes drei letzte Lebenstage. Herausgegeben von Carl Holsten. Heidelberg 1889.

v. Heister. Nachrichten über Gottfried Christoph Beireis. Berlin 1860.

J. Newton. Opticks or a Treatise of the Reflections, Inflections and Colours of Light. Fourth Edition. London 1730.

Joh. Müller. Über die phantastischen Gesichtserscheinungen. Koblenz 1826.

F. Grävell. Goethe im Recht gegen Newton. Berlin 1857.

A. Aberholdt. Über Goethes Farbenlehre. Weimar 1858.

R. Birchow. Goethe als Naturforscher und in besonderer Beziehung auf Schiller. Berlin 1861.

E. Du Bois-Reymond. Goethe und kein Ende. Leipzig 1883.

H. v. Helmholtz. Vorträge und Reden. Braunschweig 1884.

E. O. v. Lippmann. Abhandlungen und Vorträge zur Geschichte der Naturwissenschaften. Leipzig 1906.

R. Magnus. Goethe als Naturforscher. Leipzig 1906.

J. M. Eder. Geschichte der Photographie. Halle a. S. 1905.

Kuno Fischer. Goethes Faust. Heidelberg 1903 und 1904.

Erich Schmidt. Faust. Jubiläumsausgabe von Goethes sämtlichen Werken. Leipzig 1904 bis 1906.

M. Geitel. Der Siegeslauf der Technik. Stuttgart.

F. M. Feldhaus. Ruhmesblätter der Technik. Leipzig 1910.

A. Hildebrandt. Die Luftschiffahrt. München und Berlin 1910.

M. Geitel. Goethes Beziehungen zu der Luftschiffahrt. Automobil- und flugtechnische Zeitschrift. 1911.

K. Matschoß. Die Entwicklung der Dampfmaschine. Berlin 1906.

H. Illies. Erinnerungen an die Zeit der ersten Dampfmaschinen. Vortrag, gehalten am 19. Januar 1911 im Oberschlesischen Bezirksverein Deutscher Ingenieure. Sammlung Berg- und Hüttenmännischer Abhandlungen, Heft 81. Verlag von Gebr. Böhm, Kattowitz O.-S.

G. Hauck. Technikers Fausterklärung. Zentralblatt der Bauverwaltung vom 2. März 1891.

M. Geitel. Die Technik im Spiegel Goethescher Poesie und Prosa. „Welt der Technik" 1910.

—. Goethe als Techniker. Ebenda. 1911.

Fleck. Vor 90 Jahren. Verhandlungen des Vereins zur Beförderung des Gewerbfleißes. 1911.

M. Geitel. Goethe in seinen Beziehungen zu der Technik. Ebenda. 1911.

—. Goethe in seinen Beziehungen zu der Technik und als Arbeitsminister Carl Augusts von Sachsen-Weimar. Annalen für Gewerbe- und Bauwesen. Nr. 812 vom 15. April 1911.

—. Johann Wolfgang von Goethe. His Relation to Science and the Useful Arts. Scientific American. Supplement No. 1855. July 1911.

J. Fleischner. Technická Kultura. Prag 1911.

W. Ostwald. Der Techniker als Kulturträger. Mitteilungen des Pfalz-Saarbrücker Bezirksvereins Deutscher Ingenieure. 1911.

Günther. Lebensskizzen der Professoren der Universität Jena seit 1558 bis 1858. Jena 1858.

Borkowsky. Das alte Jena und seine Universität. Jena 1908.

Schreiber und Färber. Jena von seinem Ursprung bis zur neuesten Zeit Jena 1858.

Poggendorf. Biographisch-literarisches Handwörterbuch. Leipzig. Seit 1863 erscheinend.

Allgemeine Deutsche Biographie. Leipzig. Seit 1875 erscheinend.

❧❧❧❧

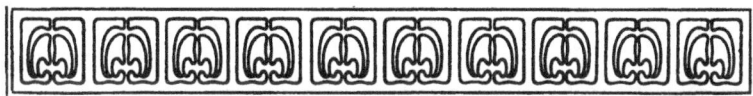

Namen=, Orts= und Sachverzeichnis.